平凡社新書

979

農業消滅

農政の失敗がまねく国家存亡の危機

鈴木宣弘

SUZUKI NOBUHIRO

JN075966

HEIBONSHA

農業消滅●目次

第5章　安全保障の要としての国家戦略の欠如

はじめに

日本の現在の食料自給率は38パーセントと低く、私たちの体を動かすエネルギーの三分の二近くも海外に依存している。もし、輸出規制などにより食料輸入がストップし、種や飼料などの生産資材が海外から運べなくなり、価格の高騰にさらされれば、日本人の未来は、いったい、どうなってしまうのだろうか……。

このような事態は、現実に起こりつつあるのではないか。

いや、コロナ禍によるサプライチェーン（流通網）の寸断や、人口の爆発的な増大、バッタの異常発生による食害の拡大、農地の荒廃や水源の枯渇による生産力の低下、異常気象の頻発などで、いつ価格高騰や食べ物が手に入らないという事態に見舞われてもおかしくないのだ。すでに、２００８年の世界的な食料危機では、コメが手に入らなくなり、コメをめぐる暴動が起きて、死者も出る新興国もあった。だが、もはやそれは他人事ではない。明日は我が身なのだ。

こうしたなかで、日本の農業の現状をみると、際限なき貿易自由化を進めていることで、国産の農産物が買い叩かれている。さらに高齢化による担い手不足、耕作放棄地の増加、集落消滅の危機が拡大し、いま、頑張ってくれている農家がいつまで耐えられるのかも分からない、そんな状況が続いている。農業・農村の疲弊と消滅の危機は深刻度を増しているのだ。

食料こそが国民の命の源である。その生産を担う農業を、あまりにも軽視してきたのではないか。安価な輸入品が町に溢れているのは、私たちがあまりにも安い食品ばかりを求めてきた結果なのではないか。だが、安さには必ずわけがある。

農業存続の危機は、決して農家だけの問題ではない。国民の命の危機、国家存亡の危機である。まさに、「農は国の本なり」であろう。

本書では、日本の食と農の危機はなぜ生じているのか、そのメカニズムと実態を明らかにし、国民の未来を守るための展望を論じる。

序章　飢餓は他人事ではない

2035年には食料自給率が大幅に低下する

2021年2月7日に放映された「NHKスペシャル」『2030 未来への分岐点（2）飽食の悪夢～水・食料クライシス～』は衝撃的な内容だった。飽食の先進国と飢餓に苦しむ最貧国を隔てている現在の食料システムを、2030年までに持続可能な食料システムに変革しないと、2050年頃には、日本人も飢餓に直面することになるかもしれない、と警鐘を鳴らしたのだ。

実際に、2035年の日本の実質的な食料自給率が、酪農で12パーセント、コメで11パーセント、青果物や畜産では1パーセントから4パーセントと、「はじめに」でも明示した現在の食料自給率38パーセントを大きく下回る危機的な状況に陥ると、農林水産省（以下、農水省）のデータに基づいた筆者の試算が示している（表1）。

このような状態で、2020年から世界的なパンデミックを引き起こしているコロナ禍や、2008年のような旱魃《かんばつ》が同時に起こって、輸出規制や物流の寸断が生じれば、生産された食料だけでなく、その基となる種、畜産の飼料も海外から運べ

表1　2035年の日本の実質的な食料自給率

（単位：%）	食料国産率		飼料・種自給率	食料自給率	
	（A）	2035年推定値	（B）	（A×B）	2035年推定値
コメ	98	106	10	10	11
野菜	80	43	10	8	4
果樹	40	28	10	4	3
牛乳・乳製品	59	28	42	25	12
牛肉	43	16	26	11	4
豚肉	48	11	13	6	1
鶏卵	96	19	13	12	2

注：1）種の自給率10%は野菜の現状で、コメと果樹についても同様になると仮定。
注：2）コメ需要は2015＝100として2035＝62、供給は100→66だが、種の9割が輸入なら66→6.6。
注：3）鶏卵はヒナがほぼ100%海外依存なので、それを考慮すると自給率はすでにゼロ。
資料：農林水産省公表データ。推定値は東京大学鈴木宣弘研究室による。

なくなり、日本人は食べるものがなくなってしまうだろう。つまり、２０３５年の時点で、日本は飢餓に直面する薄氷の上にいることになる。

その一方、日本政府は農業の規模を拡大することへの支援政策を進めた結果、畜産において超大規模経営はそれなりに増えた。だが、高齢化などによる廃業が増えていることで、全体の平均的な規模は拡大しても、その減産をカバーしきれず、総生産の減少と地域の限界集落化に歯止めはかかっていない。

それに加えて、飼料の海外依存度を考

慮すると、牛肉、豚肉、鶏卵の自給率は現状でも、それぞれ11パーセント、6パーセント、12パーセントと低い。このままだと、2035年には、それぞれ4パーセント、1パーセント、2パーセントと、信じがたいほど低水準に陥ってしまう。

酪農に限っては、自給率が8割近い粗飼料の給餌割合が相対的に高いので、自給率は現状で25パーセントあり、2035年でも12パーセントと、ほかの畜産に比べればマシな水準ではある。だが、それでもこの低さである。さらに付け加えると、鶏のヒナは、ほぼ100パーセントが海外依存なので、それを考慮すると、実は鶏卵の自給率はすでに0パーセントに近いという深刻な事態なのである。

現状では、80パーセントの国産率の野菜も、実は90パーセントという種の海外依存度を考慮すると、自給率は現状でも8パーセントで、2035年には4パーセントと、信じがたい低水準に陥る可能性があるのだ。

「種は命の源」のはずが、政府によって「種は企業の儲けの源」として捉えられ、種の海外依存度の上昇につながる一連の制度変更（種子法廃止→農業競争力強化支援法→種苗法改定→農産物検査法改定）がおこなわれてきたので、野菜で生じた種の海外依存度の高まりが、コメや果樹にも波及してしまう可能性がある。

コメは、大幅な供給の減少が続いているにもかかわらず、それを上回るほど需要が落ち込んでいるので足りている、と思われがちだ。だが、最悪の場合には、野菜と同様に、種採りの90パーセントが海外でおこなわれるようになったら、そして、物流が止まってしまうような危機が起これば、コメの自給率も11パーセントにまで低下してしまう恐れがある。

つまり、日本の地域の崩壊と国民の飢餓の危機は、「NHKスペシャル」が予言した2050年よりも、もっと前に顕在化する可能性を孕んでいるのだ。

コメ農家は存続さえ危うい

さらに、需要減がコロナ禍で増幅されているいま、生産調整機能が緩められて作付けの抑制が効かなくなったため、その影響が一気に顕在化している。

コメの在庫が膨れ上がり、米価を直撃しているのだ。主食用の大幅な減産要請のなかで、通常の主食用米よりは安いが、加工用米や飼料米よりは高く販売できるという点で、少しでも価格的に有利な備蓄用米の枠を確保するため、農協組織も安値であっても、入札せざるを得ない苦渋の選択を迫られている。

こうした状況下で、2022年のコメ農家に支払われる農協の概算金は、1俵（60キログラム）が1万円を切る可能性が指摘されている。1万円を下回りかねない低米価が目前に見えてきているのに、政策は手詰まり感を呈し、事態は放置されているのである。

どんなに頑張っても、コメの生産コストは1俵1万円以上かかる。このままでは専業的な大規模稲作経営も潰れてしまうだろう。

なぜ、人道支援のコメの買い入れさえしないのか

アメリカなどは、政府が農産物を直接買い入れて、コロナ禍で生活が苦しくなった人々や子供たちに配給するという人道支援をおこなっている。

だが、なぜ国民の声に耳を傾けずに、日本政府は「政府は、コメを備蓄用以上に買わないと決めたのだから断固できない」と意固地に拒否して、フードバンクや子

ども食堂などを通じた人道支援のための政府買い入れをしないのか。

上から目線で「コメを作付けするな」と言っている場合ではないのだ。政府のメンツを保つだけのために、苦しんでいる国民や農家を放置する政治・行政の存在意義が厳しく問われているのである。

コメを減産する必要はない、いや、減産してはいけないのではないか。

日本のコメやそのほかの農産物で、国民、ひいては世界の人々の命を守らず、菅総理は「自助」と言い続け、人道支援さえ拒否するというなら、政治・行政が存在する意味はなくなる。

いま、世界に貢献することこそが、実は食料危機から国民を守る備えにもなることを決して忘れてはならないだろう。

第1章　2008年の教訓は生かされない

輸出規制は簡単に起こる

ＦＡＯ（国連食糧農業機関）によれば、コロナ禍によって２０２０年３月から６月の段階で輸出規制を実施した国は19カ国にのぼったという。

日本では、コロナ禍によって、中国からの業務用野菜などの輸入が減ったことや、アメリカから食肉などの輸入が減ったことなど、グローバル化したサプライチェーンに依存する食料経済の脆弱性が改めて浮き彫りになった。

日本の食料自給率は38パーセントと述べたが、ＦＴＡ（自由貿易協定）でよく出てくる原産国ルール（Rules of Origin、通常、原材料の50パーセント以上が自国産でないと国産とは認めない）に照らせば、日本人の体はすでに「国産」ではないとさえいえる。食料の確保は、軍事、エネルギーと並んで、国家存立の重要な３本柱の一つなのである。

輸出規制は簡単に起こりうるということが、２００８年に続いてコロナ禍でも明白になったのだ。

2008年の食料危機の背景には

アメリカは、自国の農業保護（輸出補助金）の制度は撤廃せずに、都合のいいように活用し、他国に「安く売ってあげるから非効率な農業はやめたほうがよい」といって、世界の農産物貿易の自由化と農業保護の削減を進めてきた。そして、安価な輸出をおこなうことで他国の農業を縮小させてきたのである。

それによって、基礎食料（コメ、小麦、トウモロコシなどの穀物）をつくる生産国が減り、アメリカ、カナダ、オーストラリアなどの少数の農業大国に依存する市場構造になってしまった。

その結果、需給にショックが生じると価格が上がり、投機マネーも入りやすくなる。さらに、不安心理が煽られ、輸出規制が起きやすくなってしまったのだ。そして価格高騰が増幅されやすくなって、高くて買えないどころか、おカネを出しても買えなくなってしまった……。それが2007年のオーストラリアなどの旱魃と、アメリカのトウモロコシをバイオ燃料にする政策に端を発した、世界的な食料危機

図1　2008年食料危機の教訓

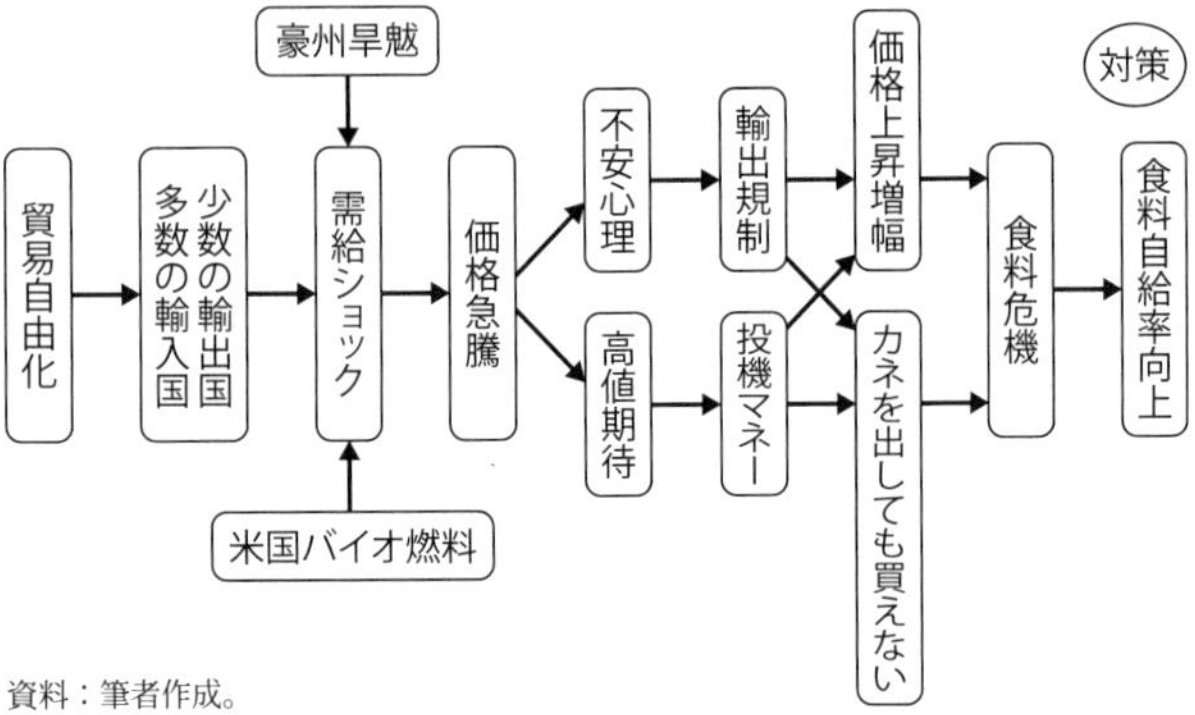

資料：筆者作成。

につながったのである。

こうした構造ができてしまった以上、いま、おこなうべきことは、貿易自由化に歯止めをかけ、各国が食料自給率を向上させる政策を強化するしかない（図1参照）。食料自給率を向上させる政策は、輸入国が自国民を守る正当な権利である。

したがって、「2008年のような国際的な食料価格の高騰が起きるのは、農産物の貿易量が小さいからであり、貿易自由化を徹底して、貿易量を増やすことが食料価格の安定化と食料安全保障につながる」というWTO（世界貿易機関）などの見解には無理があるといえよう。

では、メキシコ、ハイチなどでは、２００８年に実際に何が起きたのか。

主食がトウモロコシのメキシコでは、ＮＡＦＴＡ（北米自由貿易協定）によってトウモロコシの関税は撤廃されていた。だから、国内生産の激減した分はアメリカから買えばいいと思っていたところ、価格の暴騰が起きて輸入できなくなり、暴動が起こる非常事態が発生してしまったのである。

アメリカには、トウモロコシなどの穀物農家の手取りを確保しつつ、世界に安く輸出するための手厚い差額補填制度がある。それによって、穀物へのアメリカ依存を強め、ひとたび需給要因にショックが加わったときに、その影響が「バブル」によって増幅されやすい市場構造をつくり出してきた。にもかかわらず、財政の負担が苦しくなってきたので、穀物価格の高騰につなげられるきっかけはないか、と材料を探していたのは間違いない。

そうしたなかで、ブッシュ政権は国際的なテロ事件や原油高騰が相次いだのを受け、原油の中東依存を低め、エネルギー自給率を向上させる必要がある、さらに、環境に優しいエネルギーが重要であるとの大義名分（名目）を掲げて、トウモロコシをはじめとするバイオ燃料を推進する政策を開始したのである。

その結果、２００７年の世界的な不作をきっかけに、見事に穀物価格の吊り上げへとつなげたのだ。つまり、アメリカの食料を貿易自由化する戦略の結果として、食料危機は発生し、増幅されたのである。

また、コメを主食とするハイチは、ＩＭＦ（国際通貨基金）の融資条件として、１９９５年に、輸入するコメの関税を３パーセントにまで引き下げることを約束させられていた。そのため、国内のコメの生産が大幅に減少していたところに、２００８年の世界的なコメ輸出の規制で、おカネを出してもコメが買えないという状況になって暴動となり、死者まで出る事態になってしまったのだ。

コメの在庫は世界的には十分にあったが、不安心理から各国がコメを売ってくれなくなったのである。

節操なき貿易自由化を突き進む

コロナ禍で輸出規制が多発するなかで、ＦＡＯ・ＷＨＯ（世界保健機関）・ＷＴＯの事務局長が共同声明を発表し、輸出の規制を解除するように求めると同時に、いっそうの貿易自由化の必要性も訴えた。

だが、各国が輸出を規制した原因が、もともと貿易自由化を推し進めてきたことにあるのに、その解決策が貿易自由化にあるというのも変な話である（ＷＴＯは、そもそも貿易の完全自由化を最終ゴールとしていることに根本的な問題がある）。なぜ、食料自給率の向上ではなく、自由化による海外依存を、というのだろうか。

よく似た事例は、世界銀行やＩＭＦの行動にも見られる。世銀やＩＭＦは、貿易自由化を含め徹底した規制緩和を強要して、途上国の貧困を増幅させてきた。グローバル企業が儲けをかすめ取っていくことを容認しておきながら、貧困が改善しないのは規制緩和が足りないせいだ、もっと徹底した規制緩和をすべきだ、と主張している。貧困緩和の名目で途上国が食いものにされているのだ。

私たちは、このような一部の利益のために農民、市民、国民が食いものにされる経済・社会構造から脱却しなくてはならない。食料の自由貿易を見直して、食料自給率の低下に歯止めをかけなければならない瀬戸際にきていることを、いま、もう一度思い知らされているのである。

TPP11（アメリカ抜きのTPP＝環太平洋連携協定）、日欧EPA（経済連携協定）、日米貿易協定と畳みかける貿易自由化が、危機に弱い社会・経済の構造をつくり出した元凶であると反省すべきである。

畳みかける貿易自由化の現在地

では、具体的に貿易自由化がどのような状況になっているか、おさらいしておこう。

TPPは、2016年にニュージーランドで署名された。しかし、アメリカは推進役であったにもかかわらず、ちょうど2017年のアメリカ大統領選の最中であったこともあり、「格差社会を助長する」「国家主権が侵害される」「食の安全が脅かされる」など、TPPへの反対世論が拡大していたので、共和党・民主党を問わず、すべての大統領候補がTPPからの離脱を公約する事態となったのだ。

図２　TPPは空中分解後「TPP超え」に

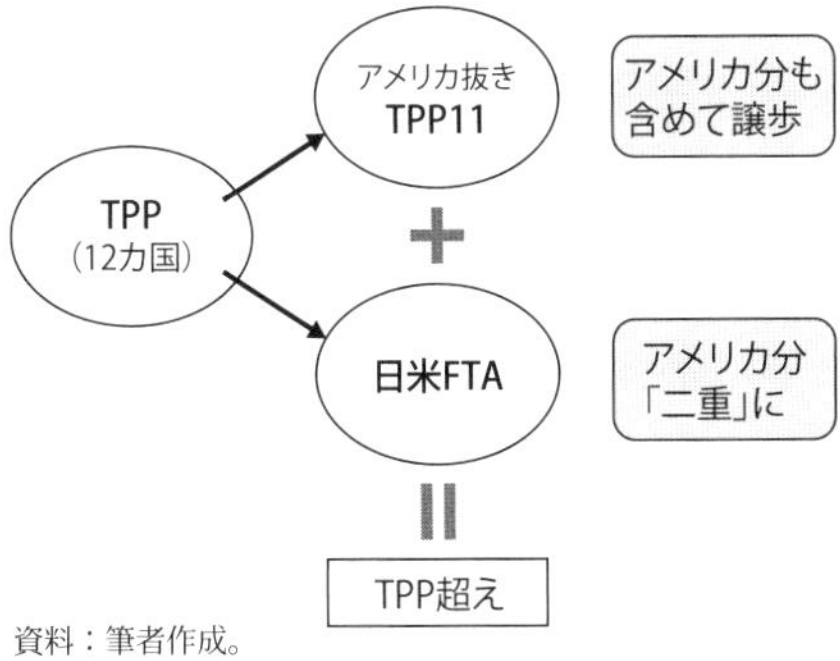

資料：筆者作成。

そして、トランプ大統領が就任した直後の２０１７年１月に、アメリカは離脱を正式に表明し、ＴＰＰは事実上頓挫してしまった。

だが日本は、アメリカ抜きのＴＰＰ11を主導して、２０１８年末に発効させ、さらにトランプ大統領（当時）の再選戦略のために、トランプ氏の関心事項だけを、つまみ食い的に譲歩させられた日米貿易協定の第一弾が、２０２０年１月に発効してしまったのだ。

ＴＰＰ11では、日本が元のＴＰＰで譲った農と食の譲歩内容（アメリカに譲歩した分を含む）を、アメリカが脱退したにもかかわらず、ほかの11カ国にそのまま譲ってしまっている。それとセットで、アメリカに対しては、水面下で、ＴＰＰでアメリカに譲歩すると約束していた内容を２国間交渉で実行する準備を進めた。

だが、日本政府は、アメリカと2国間交渉によるＦＴＡを避けるために、ＴＰＰ11を発効する必要があると表向きは説明して、ＴＰＰ11を推し進めていく。しかし、当然ながら、日米交渉もすぐ始めることになってしまった。

国民の批判をかわすために、日本政府はＴＡＧ（物品貿易協定）という捏造語をつくり、「これは、アメリカとの2国間のＦＴＡではなくてＴＡＧというものだ」という苦しい説明がなされた。

さらに、トランプ大統領から、米中の貿易戦争で中国が買うはずだったトウモロコシを３００万トン、約６００億円分の「肩代わり」も求められ、日本が買うことになってしまったのだった。

次には、バイデン政権下で、アメリカからの包括的な要求を受け入れていく日米貿易交渉の第二弾が待ち構えている。こうして、元のＴＰＰでの譲歩内容が、ＴＰＰ11と日米協定の二つに「二重に」加わることで、日本の農業にとっての打撃は、元のＴＰＰを超えるものになってしまうだろう。

誰にとってのウィン・ウィンなのか

２０２０年に発効した日米貿易協定を、日本政府はウィン・ウィンの関係だと述べているが、トウモロコシの尻拭いも含めてそうとは言えないのではないか。

アメリカ側が、ＴＰＰのときに日本に約束した自動車関税の撤廃は、日本にとって一番重要な唯一の利益といわれていたのに、反故にされてしまった。だから、日本は自動車で何も取れなくなり、農産物では譲らされ、ただ失うだけになってしまったといえるだろう。

牛肉についても、日本から輸出する牛肉は２００トンの枠しか認められていない。それをもう少し増やしてもらったから日本はウィン・ウィンだと言っているが、実は、元々のＴＰＰ合意で、アメリカは日本からの牛肉関税を撤廃すると約束していたにもかかわらず、である。

そもそも食料、農業を犠牲にして自動車の利益を増やすのが、日本の従来の方針だったといえるだろう。自動車を所管する官庁は、何を犠牲にしてでも業界（天下り先）の利益を守ろうとする傾向にある。

各省のパワー・バランスが完全に崩れ、その省が官邸を「掌握」してしまったため、自動車を「人質」にとられて、国民の命を守るための食料が従来に増して恰好の「生贄」にされようとしている。

自動車への25パーセントの関税なんてとんでもないから、食と農をもっと差し出そうという構造が、ますます強まっているように思う。アメリカも共和党トランプ政権から民主党バイデン政権に移行したが、日本に対する厳しい基本姿勢は変わらないと思われる。

しかも、本当は、農や食を差し出しても、それが自動車への配慮につながることはない。アメリカの自動車業界にとっては日本の牛肉関税が大幅に削減されても、自動車業界の利益とは関係ないからである。本当は効果がないのに、譲歩だけが永続しすべてを失いかねない「失うだけの交渉」が続いていくことになる。

【コラム１】「公」が「私」に「私物化」されるメカニズム

保護主義vs.自由貿易or規制緩和は、国民の利益vs.オトモダチ（グローバル企業）の利益と言い換えるとわかりやすい。自由貿易or規制緩和の本質は、オトモダチ企業の利益を増やすルール撤廃・改変のことである。

彼らと政治（by献金）、行政（by天下り）、メディア（byスポンサー料）、研究者（by資金）が一体化するメカニズムは、現在の政治・経済システムが持っている普遍的な欠陥である。

我々の社会は、次の「私」「公」「共」のせめぎ合いとバランスの下で成立している。

「私」＝個人・企業による自己の目先の金銭的利益（「いまだけ、カネだけ、自分だけ」）の追求
「公」＝国家・政府による規制・制御・再分配
「共」＝自発的な共同管理、相互扶助、共生のシステム

図3　「私」「公」の2部門から「私」「公」「共」3部門の経済モデルへ

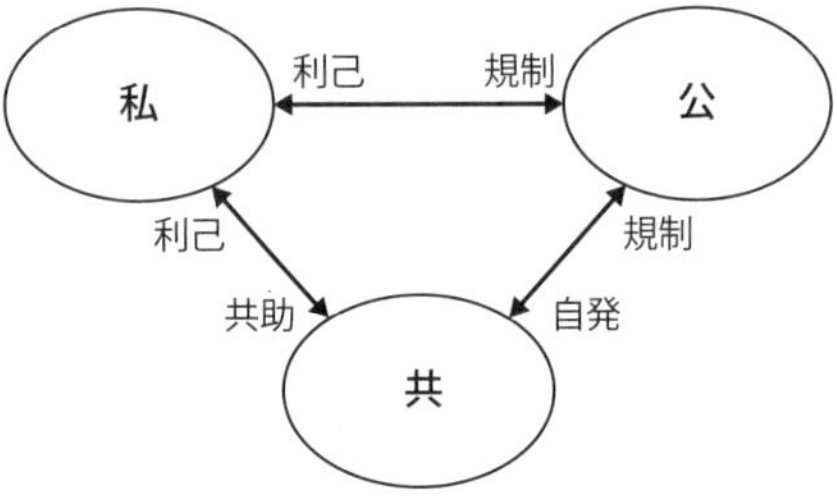

注：岡部光明「経済学の新展開、限界、および今後の課題」（明治学院大学『国際学研究』36、2009年）の図を若干改定した。

「私」による「収奪」的経済活動の弊害、すなわち、利益の偏りの是正に加え、命、資源、環境、安全性、コミュニティなどを、共同体的な自主的ルールによって低コストで守り、持続させることができることを、ノーベル経済学賞を受賞したアメリカのオストロム教授が論文で証明している。

「公」「共」をなくして、「私」のみにすれば経済厚生（＝経済的利益）は最大化されるというのが市場原理主義的な経済学だが、その前提条件の「完全雇用」（＝失業は瞬時に解消される）、「完全競争」（＝誰も価格への影響力を持たない）は実在しない。

実態は、「勝者」が市場支配力（＝価格を操作する力）を持ち、労働や原材料を「買い叩き」、製品価格の「吊り上げ」で市場を歪めて儲けを増やす。その資金力で、政治と結びつき、規制緩和の名目で、さらに自己利益を拡大できるルール変更（レント・シーキング）を画策するため、「オトモダチ」への便宜供与、国家私物化、世界私物化が起こる。

こうして、「公」が「私」に「私物化」されて、さらなる富の集中、格差が増幅されるのは「必然」的なメカニズムともいえる。市場原理主義的な経済学は、意図的にウソの前提に立脚した虚構なのである。

貧困緩和を名目にして、途上国農村からの収奪を正当化するのは、この歪んだ屁理屈なのである。日本における農地、種、海、山を既存の農林漁家からオトモダチ企業のものにしていこうとする一連の法改定、また、農協の共販・共同購入を弱体化する農協法改定や畜安法改定は、こうしたメカニズムの結果だと考えると、よく理解できる。

グローバル企業の経営陣は、命、健康、環境を守るコストを徹底的に切り詰めて、「3だけ主義」で儲けられるように、投資・サービスの自由化で人々を安く働かせ、命、健康、環境への配慮を求められても、ＩＳＤＳ（Investor state dispute settlement＝投資家対国家紛争解決）条項で阻止し、新薬など特許の保護は強化して人の命よりも企業利益を増やそうとする。

アメリカ共和党のハッチ議員が、2年ほどで5億円もの献金を製薬会社などから受け取り、患者の命を縮めても新薬のデータ保護期間を延長する（ジェネリック医薬品を阻止する）ルールをTPPで求めたのは象徴的だろう。

規制撤廃と言いつつ、これは規制強化、つまり、規制改革の本質は、企業の利益増大に有利なルールの追求だ、ということのわかりやすい事例でもある。知的財産権の保護強化は企業利益増大の重要な手段である。種苗法の改定とつながる話だ。

第2章

種を制するものは世界を制す

日本はグローバル企業の餌食になる

グローバル食品企業や種子・農薬企業などの行動で問題にされるのは、農家から農産物を買い叩いて（種を含む生産資材は高く売りつけ）、消費者に食料を高く売って「不当な」マージンを得ていることにある。

これは、途上国農家の貧困と先進国における高い食料価格の大きな要因になっていることを前章で確認した。

諸外国で農家、国民が反発し、大きな市民運動が起こっているときに、日本はそれに逆行し、グローバル企業の餌食になろうとしている。それが日本における種をめぐる動きに端的に表れているのだ。

亡国の種子法廃止

２０１７年、わずかな審議時間で種子法の廃止が不意打ち的に採決されてしまった。都道府県が、優良品種を安く普及させるために国が予算措置をしてきた根拠法がなくなれば、優良品種の安価な供給ができなくなる。

命の要《かなめ》である主要な食料の、その源である良質の種を安く提供するには、民間に任せるのでなく、国が責任を持つ必要があるとの判断から種子法があった。しかし、これを民間に任せてしまえば、公的に優良種子を開発して、安価に普及させてきた機能が失われてしまうのだ。その分、種子価格は高騰するというのが当然の帰結なのである。

アメリカでも、遺伝子組み換え（GM）種子が急速に拡大した大豆、トウモロコシの種子価格が3倍から4倍に跳ね上がったのに対して、自家採種と公共品種が主流の小麦では、種子価格の上昇は極めて小さいことからも、公的育種の重要性がわかるだろう（表1、図1）。

日本でも、民間依存で種の9割が外国の圃場で生産されている野菜の種子価格は、相対的に高いといわれている。これは、露地野菜の生産コストに占める種子代の割合が、コメ・小麦・大豆の2倍前後と高いことからもわかる（表2）。

表1　水稲種子の販売価格（20kg当たり）

開発者	品種	価格	生産量
北海道	きらら397	7,100円	78,191トン
青森県	まっしぐら	8,100円	136,010トン
三井化学アグロ	みつひかり	80,000円	4,414トン

資料：農水省穀物課調べ、価格は生産者渡し価格。

表2　生産コストに占める種苗費の割合

コメ	小麦	大豆	露地野菜
2.7%	4.1%	4.8%	8.1%

注：1）野菜は露地野菜経営統計の単純平均。
アスパラガスの16.9%を最高に、ブロッコリー12.5%、ナス、ピーマン、タマネギ、ニンジンは11%前後。
注：2）コメ、小麦、大豆は生産費統計、野菜は営農類型別経営統計から作成。

図1　アメリカでの種子費用の推移

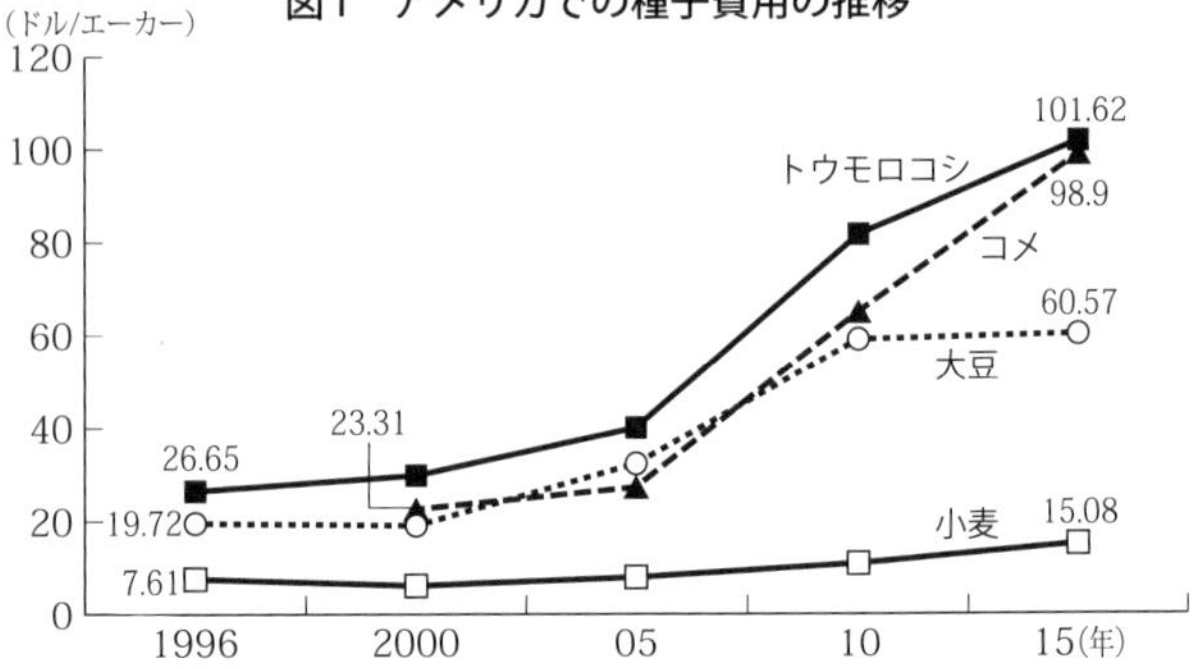

アメリカ農水省統計より。
出所：「農民連ブックレット」本の泉社、2017年5月、鈴木宣弘・北出俊昭・久野秀二・紙智子・真嶋良孝・湯川喜朗。

表3　1951年から2018年の種子価格の上昇倍率

野菜	17.2倍
コメ	4.0倍
小麦	2.1倍
豆	5.4倍
イモ	5.7倍

資料：農水省。

実際に、日本の種子価格の推移を見てみると（表3）、民間の種が圧倒的に増えた野菜では、1951年から2018年の間に、種の価格は17・2倍になったのに対して、種子法で公共の種が供給されてきたコメ・小麦・豆については、2倍から5倍に抑制されている。

日本政府は、「生産資材価格の引き下げのため」と言いながら、それに逆行することは間違いなく、かつ、公的な育種の成果を民間に譲渡することを義務付けた規定（「農業競争力強化支援法」8条四号＊）がセットにされてきたことから、背後に潜む目的が透けて見えるのだ。

その背景には、公的な種子・農民がつくる自家採種の種子を、グローバル企業が開発する特許種子に置き換えようとする、世界的な種子ビジネスの攻勢がある（京都大学久野秀二教授）。

実際、グローバル種子・農薬企業のM社は、2003年までの6年間に、日本の愛知県農業試験場とコメ品種「祭り晴」のGM化の共同研究をおこなっていた。しかし、愛知県の住民など58万人に及ぶ反対署名で途中で断念した経緯がある。

イギリスでは、サッチャー政権時代に民営化政策の一環として、公的育種の事業を担ってきた植物育種研究所（PBI）や国立種子開発機関（NSDO）が、1987年にグローバル種子・農薬企業のU社に売却され、さらに、1998年にはM社に再売却されている。1970年代から民営化までの時期、PBI育成の公共品種が小麦生産の約80パーセントを占めていたが、2016年には、イギリスでは、フランスやドイツなどのグローバル種子・農薬企業を中心としてつくられた民間品種に完全に置き換わってしまった（前出・久野教授）。

＊「農業競争力強化支援法」8条四号
（農業資材事業に係る事業環境の整備）
第8条　国は、良質かつ低廉な農業資材の供給を実現する上で必要な事業環境の整備のため、次に掲げる措置その他の措置を講ずるものとする。

一〜三　略

四　種子その他の種苗について、民間事業者が行う技術開発及び新品種の育成その他の種苗の生産及び供給を促進するとともに、独立行政法人の試験研究機関及び都道府県が有する種苗の生産に関する知見の民間事業者への提供を促進すること。

種苗法改定は海外流出の歯止めになるのか

種子法の廃止に続く種苗法改定で、次のような流れが完成した。

国・県によるコメなどの種子の提供事業をやめさせ（種子法廃止）、その公共種子（今後の開発成果も含む）の知見を海外も含む民間企業に譲渡せよと命じ（農業競争力強化支援法）、次に、農家の自家増殖を制限し、企業が払下げとして取得した種を毎年購入せざるを得ない流れができた（種苗法改定）。

種苗法とは、植物の新品種を開発した人が、それを利用する権利を独占できると定める法律のことである。ただし、種の共有資源としての性質に鑑み、農家は自家採種してよいと認めてきた（21条2項）。

今回の改定案は、その条項を削除して、農家であっても登録品種を無断で自家採種してはいけないことにしたのだ。さらに、新品種の登録にあたって、その利用に国内限定や栽培地限定の条件を付けられるようにしたのである。

これらは、日本の種苗の海外への無断での持ち出しを抑制することが目的とされていた。以前、ぶどうの新品種シャインマスカットが海外に持ち出され、多額の国費を投入して開発した品種にもかかわらず海外で勝手に使われた、という経緯があった。それによって、日本の農家による海外の販売市場が狭められ、場合によっては逆輸入で国内市場も奪われかねないのだ。

しかし、種苗の自家増殖を制限する種苗法改定の目的であるはずの、種苗の海外流出の防止という説明は破綻している。

農家の自家増殖が海外流出につながった事例は確認されておらず、「海外流出の防止のために自家増殖制限が必要」とは言えない。

決め手は、現地での品種登録が絶対的に必要なのであり、種苗法改定とは別である。つまり、種苗の海外流出の原因は農家の自家増殖ではないのだ。自家増殖を制限しても、ポケットに入れれば簡単に持ち出せる。現地での品種登録で取り締まることだが、シャインマスカットはそれを忘れてしまった。

つまり、政府が「種子法廃止→農業競争力強化支援法8条四号→種苗法改定」によって、コメ・小麦・大豆の公共の種事業をやめさせ、その知見を海外も含む民間企業へ譲渡せよと要請し、その次に自家増殖を制限し、企業に渡った種を買わざるを得ない状況をつくる。このようなことをすれば、誰が考えても種の海外依存を促進しかねないのである。

だから、種苗法改定の最大の目的は別にある。知的財産権の強化による企業利益の増大＝種を高く買わせることにあるといえよう。

また農家の権利を制限して、企業利益の増大につなげようとする行為は、人の山を所有者の許可なく伐採してバイオマス発電を進め、その儲けを企業のものにして、漁民から漁業権を取り上げて企業が洋上風力発電で儲ける道具にする、という農林漁業の一連の法律改定とも同根である。

そして、議論が「許諾を得て自家採種できる。かつ許諾料負担はわずかだ」と許諾料の水準にすり替えられてきた。

問題点は、何度も述べるが、公共の種が企業に移れば自家増殖を許諾してもらえず、毎年買わざるを得なくなることにある。

育種家（グローバル企業を含む）の利益を増やさないと新たな育種が進まないというが、裏を返せば、それは種苗を使用する農家の負担は必然的に増えていくことを意味している。しかも、何と、公共の種が民間に移る前に、県などが「受益者負担」の導入として、農家に提供する種もみなどの価格を3倍以上に引き上げるなどの措置をとり始め、すでに農家の負担が増大しつつあるのだ。

また、登録品種は1割程度しかないから影響ない、という政府が説明する根拠は、図2の稲の登録品種の占める割合を見ても崩壊していることがわかる。かつ、在来種に新しい形質（ゲノム編集〔遺伝子を切り取ったりして品種改良をおこなうこと〕などを含む）を加えて登録品種にしようとの施策が広がれば、在来種が駆逐されてい

図２　耕作する稲の品種のなかで登録品種の占める割合

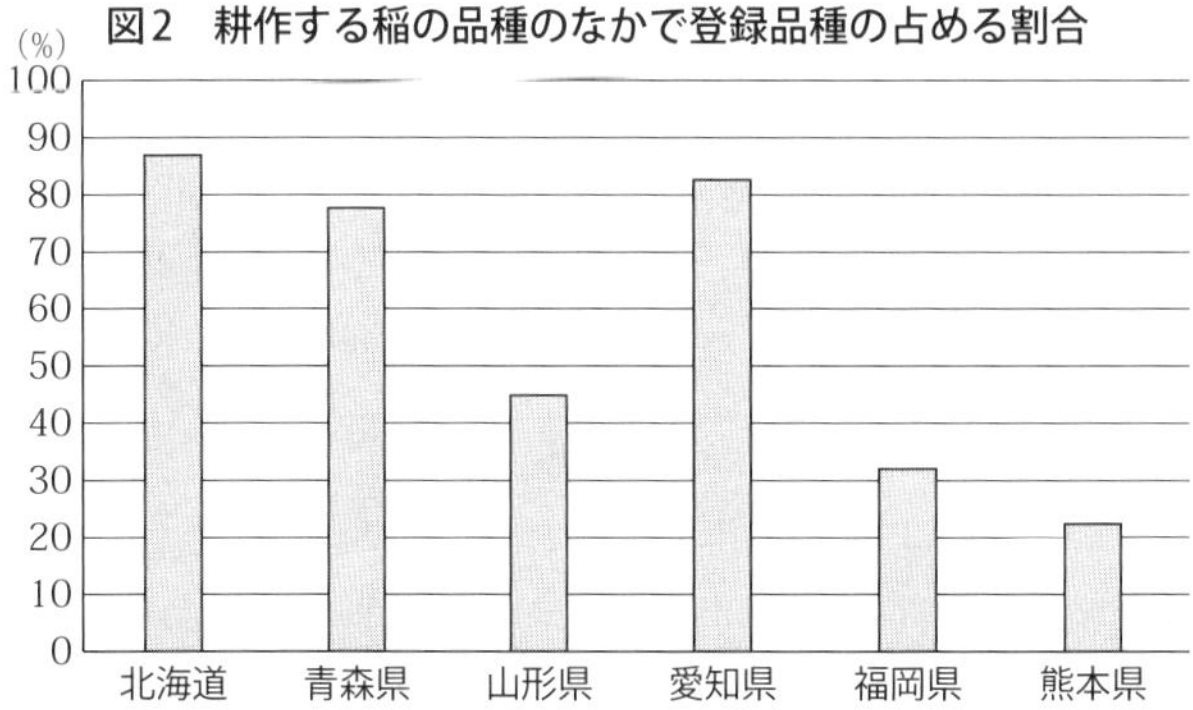

資料：印鑰智哉氏。鈴木宣弘研究室も調査に協力。

き、多様性も安全性も失われ、異常気象や病虫害にも脆弱になる。

さらに、農家が良い種を選抜して自家採種を続けていた在来種が変異して、すでに登録されている品種の特性と類似していた場合には、今後、登録品種と同等とみなされて権利侵害で訴えられる可能性も危惧されている。

ただし、農水省を責めるのは酷である。自らの意思とは別次元からの指令で決まったことに、苦しい理由づけと説明をさせられているのが担当部局の現状である。良識ある官僚には断腸の想いだろう。

安全保障の要である食料のその源は種である。

冒頭でも述べてきたように、野菜の種の販売元は日本の種苗会社が主流とはいえ、種採りの9割は外国の畑でおこなわれている。種までさかのぼると、野菜の自給率は8割ではなく8パーセントとなってしまう。

コロナ禍で、海外からの種の供給にも不安が生じている。さらに、コメ・小麦・大豆も含めて自家増殖が制限され、海外依存が進めば、種＝食料確保への不安がよりいっそう高まるだろう。

種に知的財産権は馴染まない

「種は誰のものなのか」、ということをもう一度考え直す必要がある。

種は、私たち人類が何千年にもわたってみんなで守り育ててきたものである。それらの想いが根付いた各地域の伝統的な種は、農家とその地域にとっての食文化とも結びついた一種の共有資源であり、個々の所有権には馴染まない。育成者権は、そもそも農家の皆さんにあるといってもよい。

種を改良しつつ守ってきた長年の営みには、莫大なコストと労力がかかっている。

そうやって皆で引き継いできた種を、「いまだけ、カネだけ、自分だけ」のために企業が勝手に素材にして改良し、それを登録して儲けるための道具にするのは、「ただ乗り」して利益を独り占めする行為と同じである。だからこそ、農家が種苗を自家増殖するのは、種苗の共有資源的な側面を考慮して守られるべき権利ということになる。

諸外国においても、アメリカでは特許法で特許が取られている品種を除き、アメリカ版の種苗法では、自家増殖は禁止されていない。EUでは、飼料作物、穀類、馬鈴薯（じゃがいも）、油糧作物（油脂原料の大豆、菜種など）及び綿花などの繊維作物は、自家増殖禁止の例外に指定されている。さらに小規模農家は種を使用するときの許諾料が免除される。

オーストラリアは「知的所有権と公的利益のバランス」を掲げていて、原則は自家増殖をすることが可能で、育成者が契約で自家増殖を制限できるという（印鑰智哉氏、久保田裕子氏）。

もちろん、育種しても利益にならないのなら、やる人はいなくなる。確かに、

「育種家の利益増大＝農家負担の増大」は必然である。しかし、農家の負担の増大は避けたい。そこで、公共の出番である。育種の努力が阻害されないようなかたちで、よい育種が進めば、それを公共的に支援して、育種家の利益も確保し、使う農家も自家採種が続けられるよう、育種の努力と使う農家の双方を公共政策が支えるべきではないだろうか。

つまり、地域の多様な種を守り、活用し、循環させ、食文化の維持と食料の安全保障につなげるために、シードバンク、参加型認証システム、有機給食などのための種の保存や利用活動を支え、育種家・種採り農家・栽培農家・消費者が共に繁栄できる公共的支援の枠組み（川田龍平議員提案の在来種〈ローカルフード〉保全法など）の検討が必要となるだろう。

歴史的事実を踏まえて大きな流れ・背景を読む

なにごとも歴史的な事実や経験を踏まえて、その背景にある大きな流れをつかむことが必要である。

問題は、農水省の担当部局とは別の次元のところで、一連の「種子法廃止↓農業競争力強化支援法8条四号↓種苗法改定」を活用して、「公共の種をやめさせ↓それを得て↓その権利を強化する」という流れがつくられたことにある。そして、「種を制する者は世界を制する」との言葉の通り、種を独占し、それを買わないと生産・消費ができないようにして儲けようとするグローバル種子企業を抱えるアメリカなどが、南米などで展開してきたのと同じ思惑、つまり「企業↓アメリカ政権↓日本政権」への指令の形で「上の声」となっている懸念である。

南米のコロンビアでは、種苗法が改定され、登録品種の自家増殖が禁止となった。さらに、農産物の認証法が改定され、認証のない種による農作物の流通が実質的にできなくなるという2段構えで、在来種が排除されてきた。

しかし、コロンビアの農民は立ち上がり、政府認証でなく、農家と市民が参加して独自の参加型認証システムをつくって、在来種を自分たちで認証することで対抗している（吉田太郎氏、印鑰智哉氏）。

ここで、日本で進行中のグローバル種子企業に対する八つの「便宜供与」を整理しておこう。

①種子法廃止（公共の種はやめさせる）
②種の譲渡（これまで開発した種は企業が得る）
③種の無断自家採種の禁止（企業の種を買わないと生産できないように）
④遺伝子組み換えでない（non-GM）表示の実質禁止（２０２３年４月１日から）
⑤全国農業協同組合連合会（以下、全農）の株式会社化（non-GM 穀物を分別輸入しているのが目障りだから買収したいが、協同組合だと買収できないので）
⑥ＧＭとセットの除草剤（グリホサート）の輸入穀物残留基準値の大幅な緩和（日本人の命の基準はアメリカの使用量で決める）
⑦ゲノム編集の完全な野放し（勝手にやって表示も必要なし、２０１９年10月１日から）
⑧農産物検査法の関連規則改定（輸入米を含む、未検査のさまざまなコメの流通を促

進）

消費者庁は、「遺伝子組み換えでない」という表示を実質的にできなくする「GM非表示」化の方針を出した（のちに詳述）。

これも、日本の消費者の要請に応えたとしているが、「誤認」（GMが安全でないと思わせてしまう）表示を認めないとするグローバル種子企業からの要請と一致している。しかも、消費者庁の検討委員会の会場には、アメリカ大使館員が入っていたという。すでにnon-GMの国産大豆豆腐から業者が撤退しつつある。

カリフォルニアでは、GM種子とセットのグリホサートで発がんしたとして、グローバル種子企業に多額の賠償判決が多数でている。①早い段階から、その薬剤に発がん性がある可能性を企業が認識していたこと、②研究者にそれを打ち消すような研究を依頼していたこと、③規制機関内部と密接に連携して安全だとの結論を誘導しようとしていたこと、④グリホサート単体での安全性しか検査しておらず、界面活性剤と合わさったときに強い毒性が発揮されることが隠されていたことなど、をうかがわせる企業の内部文書が判明したことから、世界的にグリホサートへの逆風が強まっているなかで、それに逆行して（2020年10月22日のNHK「クローズアップ現代プラス」でも、「モンサント・ペーパー」として紹介されたが、日本の農薬工業会は「一方的な憶測に過ぎない」との見解を示している）、日本はグリホサートの残留基準値を極端に緩和した（後述）。

「グリホサートは細胞壁、細胞膜をくぐり抜ける力を持たないので、純粋なグリホサートをかけても植物は枯れない。細胞のなかに入れないからである（そのため、ラットに与えてもさほどの健康被害は生まれない）。それでは農薬として使えないから、実際に売られている「ラウンドアップ」（除草剤の商品名）などには、細胞のなかに入っていけるように界面活性剤などの添加剤が加えられている。

添加剤入りのグリホサートは、植物の細胞に入り、植物がアミノ酸をつくれなくなって枯れてしまう。「ラウンドアップ」を農薬の安全性審査と同様に薄めて、ラットに与えると、ラットは90日が過ぎたあたりから、腫瘍ができ始めて、寿命を全うできなくなってしまう。つまり、売られている状態で検査すれば間違いなく有害であるのに、農薬の承認プロセスではグリホサート単体で調べるので安全とされてしまうのである」（印鑰智哉氏）との見解がある。

ゲノム編集では、予期せぬ遺伝子喪失・損傷・置換が世界の学会誌に報告されているにもかかわらず、アメリカに追従し、GMに該当しないとして野放しになった。そして、届け出のみでよくなり、最低限の選ぶ権利を保証する表示も、その圧力によって潰されてしまい、2019年10月1日に解禁されるに至った。

日本の消費者は、何もわからないままゲノム編集食品の実験台になっている恐れがある。また遺伝子操作の有無が追跡できないため、国内の有機認証にも支障をきたし、ゲノム編集の表示義務を課している、EUなどへの輸出ができなくなる可能性もある（印鑰智哉氏）。現在、GMについては、大豆油、醬油などは、国内向けにGM表示はないが、EU向けには「遺伝子組み換え」と表示して輸出していることを読者の皆さんはもちろん知らないだろう。

アメリカのM社（GM種子と農薬販売）とドイツのB社（人用の薬販売）の合併は、言ってみれば、日本の病人をGM食品と農薬などでさらに増やし、それをB社の薬で治すことで「2度おいしい」「新しいビジネスモデル」だという声さえある。

民間活力の最大限の活用、民営化、企業参入、と言っているうちに、気がつけば、日本が実質的に「乗っ取られていた」という悪夢になりかねない。すべてにおいて従順に従う日本が、グローバル種子企業のラスト・リゾート（最後の儲け場所）になりかねないのだ。いったい、日本の政府は、国民の命を犠牲にしてまで何を守ろうとしているのだろうか……。

農産物検査法の関連規則改定の経緯

いま日本では、種苗法改定に続いて農産物検査法の関連規則が改定されようとしている。産地品種銘柄（都道府県が指定して検査体制を確保し、コメの産地・品種・産年が表示できるようにする仕組み）を見直し、自主検査を認め、未検査米に対する表示の規制を廃止するという。

その経緯は次のとおりである。
・2019年3月。「農産物規格・検査に関する懇談会」が農業競争力強化支援法を

表4　(株)ヤマザキライスが規制改革推進会議・第9回農林水産WGに提出した意見書(要旨)

・現在の玄米検査から、精米検査での銘柄表示を可能にすること。国際的な穀物物流は白米である。
・紙袋（一袋30kg）での検査からフレコン（約1トン）での検査を可能にすること。
余マスの見直し（現行では検査用に余分にコメを入れる）。フレコンでは7kg余分なコメを入れなければならない。
・一等、二等の等級を無くし、等級制度を段階的に廃止すること。
・自主検査（自主品質表示）を可能にすること（現在は農協など認定団体がおこなっている）。
・未検査米に産地、産年、品種表示ができるようにすること。
・「未検査米」表示の撤廃。
・「産地品種銘柄指定」(たとえば魚沼産コシヒカリ）などを見直し、全国的な「品種銘柄」を設定すること。

出所：安田節子「種苗法改定でコメはどうなる？」2020年10月29日、長周新聞。

踏まえ、規制緩和を必要とする論点を整理した。

・２０２０年４月。規制改革推進会議の第９回農林水産ワーキンググループに（株）ヤマザキライスから意見書（表４を参照）が提出され、それを反映した「農産物検査規格の見直し」を盛り込んだ、規制改革実施計画を提言した。

・同年７月に閣議決定され、「農産物検査規格・米穀の取引に関する検討会」が立ち上がり、ここで結論が出される。閣議決定は（株）ヤマザキライスの要望をほぼそのまま盛り込

んだ内容となった。（安田節子氏）

コメ検査の緩和は、さまざまなコメの流通をしやすくする側面はあるが、品質保証に不安が生じるだけでなく、輸入米の増加（安田節子氏）や民間企業によるコメの生産・流通の「囲い込み」促進につながる懸念（印鑰智哉氏）も指摘されている。

農家の自家増殖制限とコメ検査の緩和が相俟って、グローバル企業の主導による、種の供給からコメ販売までの生産・流通過程のコントロールがしやすくなる。種を握ったグローバル種子・農薬企業が、種と農薬をセットで農家に高く買わせ、できた生産物を安く買い取り、販売ルートは確保して消費者に高く販売する。さらに、大手IT企業と組んだ農業の工業化・デジタル化が進めば、食料の生産・流通・消費がグローバル企業の完全な支配下に置かれ、利益が吸い取られる構造が完成する。

都道府県と農協が産地品種銘柄を中心に主導するコメ流通は、崩されていく可能性がある。

そういうなかでも、積極的に、企業と農家との中間に農協が入ることによって、

図３　民間企業が種苗から流通まで囲い込む

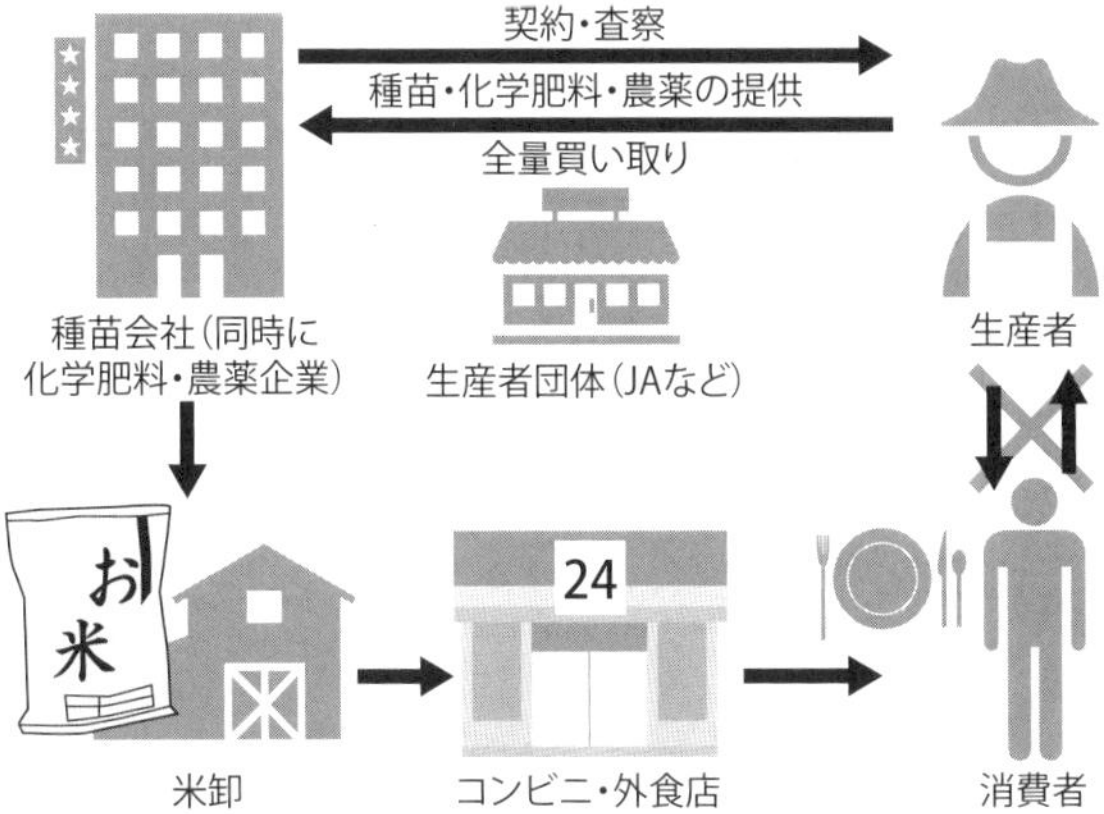

出所：印鑰智哉氏作成。

集荷率を維持し、農家の不利益にならないような取引契約にするよう踏ん張れる側面もあるかもしれない。だが、種も肥料も農薬も指定された契約になると、「優越的地位の濫用」を許し、従属的な関係に陥る危険もある。

本来、農協は共同販売によって取引交渉力の強い買手と対峙して農家（ひいては消費者）の利益を守るためにあるが、それぞれの農協がグローバル企業主導の生産・流通に組み込まれてしまうと、そうした農協の役割が地域レベルでも、全国レベルでも、削がれてしまうリスクがある。

これは、農家・農協のみならず、地域の食料生産・流通・消費がグローバル企業の「支配下」におかれることを意味する。

先にも述べたが、農家は買い叩かれ、消費者は高く買わされ、地域の伝統的な種が衰退し、種の多様性も伝統的な食文化も破壊され、異常気象や病虫害にも弱くなる。予期せぬ遺伝子損傷などで世界的に懸念が高まっているが、我が国では表示もなしで野放しにされたゲノム編集も進行する可能性が高く、食の安全もさらに脅かされる。

農協としての対応が問われるとともに、生産から消費まで、国民全体の食料安全保障のあり方が問われている。

食料は命の源であり、その源は種である。私たちは、地域で育んできた大事な種を守り、改良し、育て、その産物を活用し、地域の安全・安心な食と食文化を守るために結束するときであろう。

種子法廃止に先だった農水省の通知に注目

この章の最後に、種子法廃止（２０１８年４月１日）に備えた「通知」（２０１７年11月）について詳しく見ておこう。

種子法の廃止法の施行に備えて出された「稲、麦類及び大豆の種子について」（平成29年11月15日付け29政統第１２３８号農林水産事務次官依命通知）には、次のように書かれていた。

３　種子法廃止後の都道府県の役割

（1）都道府県に一律の制度を義務付けていた種子法及び関連通知は廃止するものの、都道府県が、これまで実施してきた稲、麦類及び大豆の種子に関する業務のすべてを、直ちに取りやめることを求めているわけではない。

農業競争力強化支援法第８条第四号においては、国の講ずべき施策として、都道府県が有する種苗の生産に関する知見の民間事業者への提供を促進することとされており、都道府県は、官民の総力を挙げた種子の供給体制の構築のため、民間事業者による稲、麦類及び大豆の種子生産への参入が進むまでの間、種子の増殖に必要な栽培技術等の種子の生産に係る知見を維持し、それを民間事業者に対して提供する役割を担うという前提も踏まえつつ、都道府県内における稲、麦類及び大豆の種子の生産や供給の状況を的確に把握し、それぞれの都道府県の実態を踏まえて必要な措置を講じていくことが必要である。

5 民間事業者への種苗の生産に関する知見の提供

（1） 農業競争力強化支援法第8条第四号に基づき、今後、国の独立行政法人だけでなく、都道府県（試験研究機関）から、種苗の生産に関する知見を民間事業者に提供する事案が増加すると考えられる。

傍線は筆者が引いたが、そこだけつなげて読み取れば、「都道府県が、これまで実施してきた稲、麦類及び大豆の種子に関する業務のすべてを、直ちに取りやめることを求めているわけではない。都道府県は、民間事業者による稲、麦類及び大豆の種子生産への参入が進むまでの間、種子の増殖に必要な栽培技術等の種子の生産に係る知見を維持し、それを民間事業者に対して提供する役割を担う」となる。
これは、「優良な種の安価な供給には、従来通りの都道府県による体制が維持できるように措置すべきだ」という附帯決議に真っ向から反して、早く民間事業者が取って代われるように、移行期間においてのみ都道府県の事業を続け、その知見も民間に提供して、スムーズな民間企業への移行をサポートするように、との指示である。

種子法の廃止法の附帯決議には、次のような内容が記されている。

・種苗法に基づき、主要農作物の種子の生産等について適切な基準を定め、運用すること。
・主要農作物種子法の廃止に伴って都道府県の取り組みが後退することのないよう、引き続き地方交付税措置を確保し、都道府県の財政部局も含めた周知を徹底するよう努めること。
・主要農作物種子が、引き続き国外に流出することなく適正な価格で国内で生産されるよう努めること。
・特定の事業者による種子の独占によって弊害が生じることのないよう努めること。

「附帯決議は気休めにもならない」と以前から筆者は指摘してきたが、附帯決議のどの項目にも、それに配慮してどう対応するかはまったく記されていない。

それどころか、附帯決議の主旨を真っ向から否定して、民間への円滑かつ迅速な譲渡・移行を促すだけの通知が出されるとは驚きである。

その後、2021年4月に、多くの批判に応える形で、「民間企業に移行するまでの間」といった修飾語を削除する改定がおこなわれた。しかし、民間移行を促進する方向性が変わったわけではない。

【コラム2】「家族農業の10年」や「国際協同組合年」をめぐる動き

世界的に、アメリカ主導の世界銀行・IMF（国際通貨基金）の開発援助を通じて、多国籍企業などが途上国の農地をまとめ、大規模農業を推進し、流通・輸出事業を展開して途上国農村を儲けの道具とする流れが強まっている。

これに対抗して、市場原理主義に基づく規制緩和・自由貿易の徹底では、巨大な流通企業や企業的な農業が小農・家族農業を収奪する構造が強まり、世界の格差や貧困は拡大するとの疑念と反省から、小農・家族農業の重要性を再確認し、その生活を改善する必要性への認識が高まっている。そのためには、協同組合の役割を強化する必要があるとの認識も高まりつつある。

それらは、国連の2012年の「国際協同組合年」、2014年の「国際家族農業年」、ユネスコによる2016年の協同組合の「無形文化遺産」登録、国連の2017年の「家族農業の10年」、さらに、2018年の「小農と農村で働く人びとの権利に関する国連宣言」に結実した。

こうした動きの背景には、FAO（国連食糧農業機関）vs.世銀・IMFの途上国への農村支援をめぐる「闘い」の歴史がある。

「家族農業の10年」は、小農・家族農業を守ろうとするＦＡＯの必死の巻き返しと見ることもできる（しかし、２０２０年10月2日、ＦＡＯはCropLife〔バイエル＝モンサントなどの４大ＧＭ企業や住友化学によって構成された農薬ロビー団体〕と提携強化の覚書きを結んでしまった。ＦＡＯの巻き返しに「魔の手」が迫っているのが懸念される）。

第3章　自由化と買い叩きにあう日本の農業

厳しい農村の実態

集落の耕地を、集落全体で役割分担して維持していこうとする集落営農組織の優良事例を見ても（表1）、平均年齢は68・6歳と高齢で、後継者がいるのは2人だけ、といったケースが増えている。農村地帯の実態は厳しさを増しているのだ。

また、機械での収穫などを担う基幹的作業従事者（オペレーター）も高齢化していて、年収も200万円程度と低く、次を担う後継者もいないという事態も常態化している。このような現状では、2030年頃には全国的な農村の崩壊が顕在化してくるだろう。

さらに、農家の1時間当たり所得は平均で961円ととても低い（表2）。農産物価格が安い（買い叩かれている）、つまり、農家の自家労働が買い叩かれていることになる。これでは後継者の確保は困難と言わざるを得ない。

なぜ、そんなに所得が低いのか。その大きな要因は、自動車などの輸出のために農と食を差し出す貿易自由化が進められたことにある。

表1　集落営農組織Aの構成員の状況（2018年）

構成員	年齢	就農状況	個別経営作目	後継者
A	68	○	サクランボ	無
B	71	○	大豆	無
C	64	○	大豆、枝豆、サクランボ	㊒
D	61	○	枝豆	無
E	71	×		無
F	75	○	枝豆	無
G	75	○	サクランボ、大豆	無
H	69	○	サクランボ、大豆	無
I	65	×	サクランボ	無
J	69	○	枝豆、サクランボ	無
K	66	○	枝豆	無
L	75	○	枝豆	無
M	70	○	枝豆	無
N	70	×		無
O	71	○	枝豆	無
P	75	○	枝豆	無
Q	62	×		無
R	65	×		無
S	63	○	枝豆	㊒
T	69	○	大豆	無
U	67	○	大豆、枝豆、アスパラガス	無
21名	平均68.6	16名		2名

資料：筆者の調査による。

表2　1時間当たり所得の比較

（円）

年	農畜産業	法定最低賃金	30人以上企業	女子非常勤（10人以上企業）
1980	489	532	1,608	492
1990	654	515	2,293	712
2000	604	657	2,472	889
2010	665	730	1,983	979
2017	961	848	1,981	1,074

出所：荏開津典正・鈴木宣弘『農業経済学　第5版』(岩波書店、2020年)。

表3　残存輸入数量制限品目（農林水産物）と食料自給率の推移

年	輸入数量制限品目	食料自給率（%）	備考
1962	81	76	
1967	73	66	ガット・ケネディ・ラウンド決着
1970	58	60	
1988	22	50	日米農産物交渉決着（牛肉・柑橘、12品目）
1990	17	48	
2001	5	40	ドーハ・ラウンド開始
2019	5	38	

注：1995年以降の5品目は、資源管理上の必要から輸入割当が認められている水産品。
資料：農水省。

貿易自由化の進展と食料自給率の低下には明瞭な関係がある。1962年に81あった輸入数量制限品目が現在の5まで減る間に、食料自給率は76パーセントから38パーセントまで低下しているのだ（表3）。

貿易自由化の犠牲とされ続けてきた農業分野

食料は国民の命を守る安全保障の要であるはずなのに、日本には、そのための国家戦略が欠如しており、自動車などの輸出を伸ばすために、農業を犠牲にするという短絡的な政策が採られてきた。

さらに国民に、日本の農業は過保護だという

ことを刷り込み、農業政策の議論をしようとす

ると、「農業保護はやめろ」という議論に矮小化して批判されてきた。

農業を生贄にする展開を進めやすくするには、農業は過保護に守られて弱くなったのだから、規制改革や貿易自由化というショック療法が必要だ、という印象を国民に刷り込むほうが都合がよかった。

この取り組みは、長年メディアを総動員して続けられ、残念ながら成功してしまっている。しかし、実態は、日本の農業は世界的にみても、決して保護されているとはいえないのだ。

買い叩かれる農産物

もう一つの問題は、農産物の買い叩きである。「いまだけ、カネだけ、自分だけ」の「3だけ主義」のグローバル企業の行動は、種を含む生産資材の吊り上げ販売、農産物の買い叩きと消費者への吊り上げ販売であると論じてきた。

その通りのことが日本でも起こっていることが、次の数字からもよくわかる。

まず、食料関連産業の規模は、1980年の49・2兆円から、2015年には

83・8兆円に拡大している。けれども農家の取り分は12・3兆円から9・7兆円に減少し、シェアは25・0パーセントから11・5パーセントに落ち込んでいる。

我々の試算（表4）では、すべての品目で農産物は買い叩かれていることがわかる。数字が0・5のとき、産地と小売の力関係が五分五分で、0・5より小さく、0に近づくほど、農家が買い叩かれていることを示している。

また、酪農における酪農協・メーカー・スーパー間の力関係を詳しくみると（図1）、スーパー対メーカー間の取引交渉力は7対3で、スーパーが優位となる。酪農協対メーカーは1対9で生産サイドが押されている。

だから、2008年の食料危機のとき、餌代がキログラム当たり20円も上がって、酪農家がバタバタと倒れた。これは日本がもっとも顕著だった。

アメリカでは、牛乳の小売価格が3カ月のうちに1リットル30円も上がった。つまり、消費者も小売・流通業者も、皆が自分たちの大事な食料を守ろうとするシステムが機能して、値上げができた。

このシステムが働かないのが日本である。企業も買い叩いて儲かればいい、消費

表4　産地 vs. 小売の取引交渉力の推定結果

品目	産地 vs. 小売	品目	産地 vs. 小売
コメ	0.11	なす	0.399
飲用乳	0.14*	トマト	0.338
だいこん	0.471	きゅうり	0.323
にんじん	0.333	ピーマン	0.446
はくさい	0.375	さといも	0.284
キャベツ	0.386	たまねぎ	0.386
ほうれんそう	0.261	レタス	0.309
ねぎ	0.416	ばれいしょ	0.373

注：産地の取引交渉力が完全優位＝1、完全劣位＝0。＊飲用乳は vs. メーカー。
資料：コメは大林有紀子、飲用乳は結城知佳、それ以外は佐野友紀による。

図1　酪農協・メーカー・スーパー間のパワー・バランスの推定値

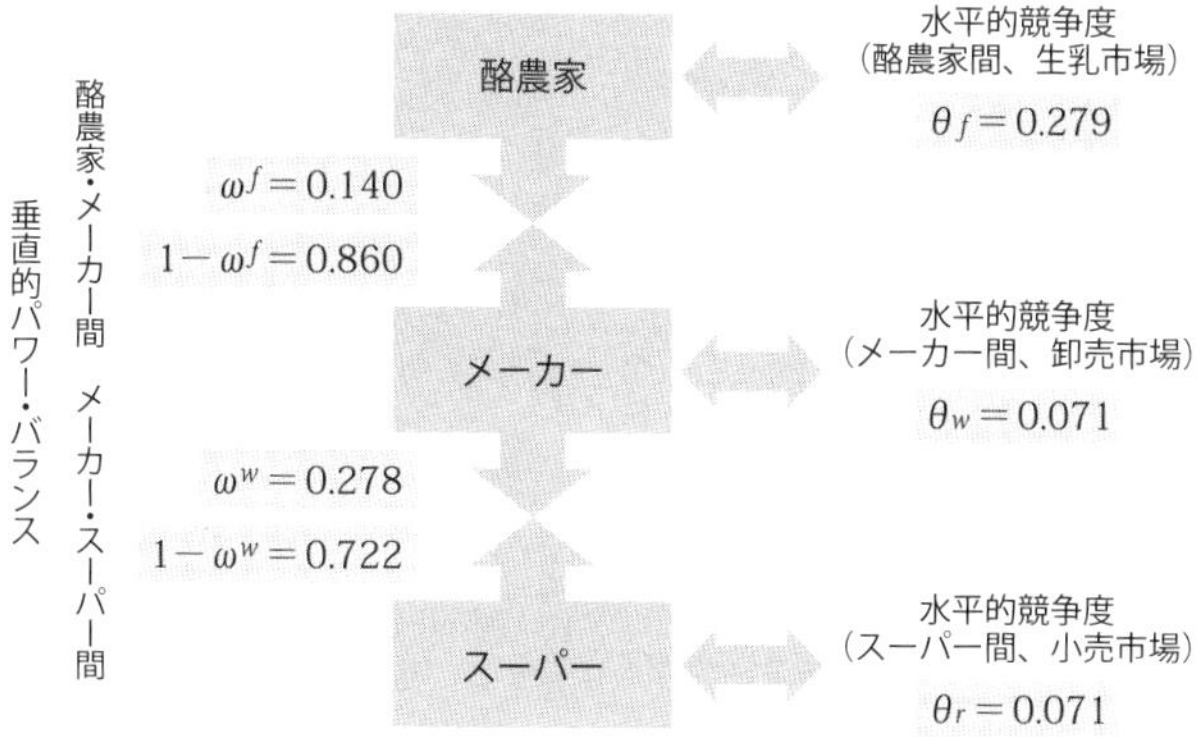

資料：結城知佳による。
注：$\omega=0$が完全劣位。$\omega=1$が完全優位。$\theta=0$が完全競争。$\theta=1$が完全協調。

者も安ければいいと……。こんなことをやっていて、生産者がやめてしまったら、ビジネスはできないし、国民は食べるものがなくなる。泥舟に乗ってみんなで沈んでいくようなものだと認識して、どうやって自分たちの食料を守っていくのかを考えなくてはいけない。

ちなみに、カナダの牛乳は1リットル当たり約300円で、日本より大幅に高い。だが、消費者はそれに不満を持っていないという。

筆者の研究室の学生がおこなったアンケート調査に、カナダの消費者から「アメリカ産の遺伝子組み換え（GM）成長ホルモン入り牛乳は不安だから、カナダ産を支えたい」という趣旨の回答が寄せられていた。

農家・メーカー・小売のそれぞれの段階で十分な利益を得た上で、消費者も十分に納得がいくなら、値段が高くて困るどころか、これこそが皆が幸せになれる持続的なシステムではないか。「売手よし、買手よし、世間よし」の「三方よし」がカナダでは実現されているのである。

いっそうの買い叩きのための農協攻撃

日本で、政権と結びついた日米の「オトモダチ」企業の要求を実現する司令塔が「未来投資会議」（菅政権では「成長戦略会議」に再編）、実施の窓口が「規制改革推進会議」で、官邸の人事権の濫用による行政の一体化によって、国民の将来が一部の権力者の私腹を肥やすために私物化されつつある。

農協改革も、種子法廃止と民間への移譲も、種苗の自家採種の制限も、「遺伝子組み換え（GM）でない」の表示の実質的な禁止も、漁業権の強制的付け替えも、民有林・国有林の「盗伐」合法化も、卸売市場の民営化も、水道の民営化も、根っこはすべて同じ、「オトモダチ」への便宜供与とみたほうがわかりやすい。

「いまだけ、カネだけ、自分だけ」の「3だけ主義」の対極に位置するのが、命と暮らしを核にした共助・共生システムである。

逆にいえば、一部に利益が集中しないように相互扶助で小農・家族農業を含む農家や地域住民の利益・権利を守り、命・健康、資源・環境、暮らしを守る協同組合組織は、「3だけ主義」者には存在を否定すべき障害物なのである。

そこで、「既得権益」「岩盤規制」だと農協を攻撃し、「ドリルで壊して」（安倍・前総理の表現）仕事とおカネを奪って、自らの既得権益にして、私腹を肥やそうとするのだ。

例えば、アメリカ政府を後ろ盾にしたウォール街は、郵貯マネーに続き、農協の信用・共済マネーも喉から手が出るほど欲しいがために、農協「改革」の名目で信用・共済の分離を日本政府に迫る。農産物の「買い叩き」と資材の「吊り上げ」から農家を守ってきた農協共販と共同購入も障害となる。

だから、世界的に協同組合に認められている独禁法の適用除外さえ、不当だと攻撃しだす始末だ。そして、ついには、手っ取り早く独禁法の適用除外を実質的に無効化してしまうべく、独禁法の厳格適用で農協共販つぶしを始めた。「対等な競争条件」の名目で、いっそう不平等な競争条件が押しつけられようとしている。

現状は不当な買い叩き状態なのだから、独禁法の適用除外をなし崩しにする取り締まりを強化するのは間違いで、共販を強化すべきなのである。他方、大手・小売の「不当廉売」と「優越的地位の濫用」こそ、独禁法上の問題にすべきである。だが菅内閣参謀A氏は、買い叩き是正には、中小を淘汰していっそうの大手への集中が必要、と完全な論理矛盾の方策を提案している（堤未果氏）。

農協改革の目的は「農業所得の向上」ではない

農協改革の目的が「農業所得の向上」というのは名目で、
①信用・共済マネーの掌握に加えて
②共販を崩して農産物をもっと安く買い叩きたい企業
③共同購入を崩して生産資材価格を吊り上げたい企業
④農協と既存農家が潰れたら農業に参入したい企業
のための改革である。規制改革推進会議の答申の行間は、そのように読める。だから、農協改革という名目の農協解体と、農協自らの自己改革は峻別して考える必要があるのだ。

農家や地域住民にいっそう役立つための徹底的な改善を図る自己改革は不可欠だ

が、先方（解体を目論む側）にとってはどうでもいいことで、農業所得向上に向けた、優れた自己改革案を出せば、「3だけ主義」者から乗り切れるというのは見当違いである。

准組合員の金融・共済事業の利用高に制限を設けることを人質にされて、全国農協中央会の組織形態の変更を受け入れるなど、順に要求を呑まされていったら、気が付いたら何も残っていない。「傷が浅いほうを呑む」闘いを続けていては、先方の術中にはまり、やがては、なし崩し的に息の根を止められるだろう。

農家から委託された農産物を販売して代金を清算する共同販売でなく、通常の業者と同様に農家から全農が農産物を買い取ってから販売する、買い取り販売に切り替えるよう求められ、かつ、買い取り販売に数値目標を決めて、政府に報告しないといけないのである。

だが、そんなことをしなくてはいけない理由が、いったいどこにあるのだろうか。そもそも、こうした要請は憲法22条と29条に基づく「営業の自由」に抵触するので、本来は拘束力を持ちえない。

先の①については、郵政解体の経緯を振り返るとわかりやすい。

アメリカの金融保険業界が、日本の郵貯マネー３５０兆円の運用資金がどうしても欲しかったので、「対等な競争条件」の名目で解体（民営化）せよと言われ、２００１年からの小泉政権時代におこなわれてきた。

ところが、民営化したかんぽ生命を見て、アメリカの保険会社のA社から「これは大きすぎるから、これとは競争したくない。TPPに日本が入れてもらいたいのなら、「入場料」として、かんぽ生命はがん保険に参入しないと宣言せよ」と迫られ、所管大臣はしぶしぶと「自主的に」（＝アメリカの言うとおりに）発表した。

だが、それだけでは終わらなくて、その半年後には、全国の２万局の郵便局でA社の保険販売が始まったのだ。

さらに、近年（２０１９年から20年にかけて）、かんぽ生命の過剰ノルマによる利用者無視の営業問題が騒がれた。その少し前、日本郵政がA社に２７００億円を出資し、近々、日本郵政がA社を「吸収合併」するかのように言われている。

だが、実質は、「（寄生虫に）母屋を乗っ取られる」危険があるのだ。かんぽ生命が叩かれているさなか、「かんぽの商品は営業自粛だが、（委託販売する）A社のがん保険のノルマが3倍になった」との郵便局員からの指摘が、事態の裏面をよく物語っている。

これが「対等な競争条件」なのだろうか。要するに、「市場を全部差し出せば許す」ということだ。これがまさにアメリカのいう「対等な競争条件」の実態であり、それに日本が次々と応えているということである。

郵貯マネーにめどが立ったから、次に喉から手が出るほど欲しいのは、信用・共済、併せて運用資金150兆円の農協マネーである。これを握るまで必ず終わらないというのが彼らの意思である。

アメリカは、日本の共済に対する保険との「対等な競争条件」を求めているが、保険と共済は違うのだから、それは不当な攻撃である。相互扶助で、命と暮らしを守る努力を国民に理解してもらうことが最大の防御であろう。

②、③については、協同組合による共販・共同購入が独禁法の「適用除外」になっている（独禁法の22条）のが不当だとする要求も強まっている。
共販・共同購入を崩せば、農産物をもっと安く買い、資材を高く販売できるからである。しかも、「適用除外」がすぐに解除できないなら、解釈変更で独禁法の適用を強化して、実質的に「適用除外」をなし崩しにするという「卑劣な」手法が強化されつつあることは看過できない。

独禁法の厳格適用を恐れてはいけない。萎縮効果を狙った動きに過剰に反応したら、思う壺にはまる。世界的にも認められている共販の権利は堂々と主張し続けるべきである。


近年、ＥＵでは、２００９年に飼料価格の高騰による酪農家の苦境を経験し、２０１５年から生乳の生産調整の廃止に伴う乳価下落の影響も懸念されていた。

そうした事態に対して、酪農への影響を緩和するには寡占化した加工・小売資本が圧倒的に有利に立っている、現状の取引交渉力バランスを是正することにより、公正な生乳取引を促すことが必要との判断から、2011年に「ミルク・パッケージ」政策が打ち出された。

その政策の一環として、独禁法の適用除外の生乳生産者団体の組織化と販売契約の明確化による取引交渉力の強化が進められている。

頻発するバター不足の原因が酪農協（指定団体）によって、酪農家の自由な販売が妨げられていることにあるとして、「改正畜安法（畜産経営の安定に関する法律）」で酪農協が二股出荷を拒否してはいけない、と規定して酪農協の弱体化を推進する我が国の異常性が際立っている。かつ、これに先立つ農協法改正で専属利用契約（組合員が、生産物を、農協を通じて販売する義務など）は削除され、加えて事業の利用義務を課してはならない、と新たな規定を設けてしまっている。

「酪農家が販路を自由に選べる公平な事業環境に変える」と、安倍政権が畜安法改定の意義を強調したが、案の定、生乳流通自由化の期待の星と規制改革推進会議がもてはやした会社が、2019年11月末頃から一部酪農家からの集乳を停止した。

乳質問題を理由にしているが、需給調整機能を持たずに集乳を拡大して販売に行き詰まったものと推察される。

そもそも、畜安法の改定は、我が国でも独占禁止法の適用除外として認められている権利を損なう内容であり、専属利用契約を削除した農協法の改定とともに独占禁止法と矛盾する改定がおこなわれている問題点も含め、再検証が必要と思われる。

国家私物化の実態

種子法の廃止、農業競争力強化支援法、種苗法改定、漁業法改定、森林の2法、水道の民営化などの一連の政策変更の一貫した理念は、間違いなく、「公共政策や共助組織により維持されてきた既存の農林漁家の営みから、企業が自由に利益を追求できる環境に変えること」にある。

貿易自由化と買い叩きが原因なのに、それを既存の林家・漁家が非効率なせいだとして、勝手に特定企業が森林を伐採してバイオマス発電や風力発電による利益を自分のものにすることを認めてきた。また、再造林は税金（森林環境税など）で賄うという林業改革関連法や空港建設などの強制収用（公共目的のために補償はする）

より悪質に、「私的利益のために補償なし」で漁家の生存権・財産権を没収して洋上風力発電や大規模な養殖を推し進めようとしている。これを可能にした漁業法改定は、内閣法制局が憲法に抵触すると懸念を表明しても断行された。「成長産業化」の名目で、ゲノム編集魚を投入した大規模な養殖も目指している。

「国家戦略特区」という名目は、実質的には「国家私物化特区」で、H県Y市の農地を買収したのも、民有林・国有林を盗伐（植林義務なし）してバイオマス発電をしたり、山を崩して風力発電するのも、漁業法改悪で洋上風力発電に参入するのも、S県H市の水道事業を「食い逃げ」（業務委託され、設備を酷使して儲けだけ得て設備は返す）するのも、すべて時の権力者のオトモダチ企業である。

ここに関わる数人の有能な経営者が、農・林・水（水道も含む）すべてを「制覇」しつつあると言っても過言ではない。

「攻めの農業」、企業参入が活路というが、既存事業者＝「非効率」としてオトモダチ企業に明け渡す手口は、農、林、漁ともにパターン化している。

極めて少数の「有能」で巨万の富も得ている人たちが、さらに露骨に私腹を肥やすために、政府の会議を利用して、地域を苦しめているのが現状と言えるだろう。

【コラム３】ＩＭＦ・世銀の引き換え条件にＦＡＯは骨抜きにされた

ＦＡＯ（国連食糧農業機関）は途上国の農業発展と栄養水準・生活水準の向上のために設立されたので、各国の小農の生活を守り、豊かにするinclusive（包括的）な（あまねく社会全体にいきわたる）経済成長が必要と考えた。

だが、アメリカは余剰農産物のはけ口が必要で、またアメリカ発の多国籍企業などが、途上国の農地をまとめ大規模農業を推進し、流通・輸出事業を展開する利益とはバッティングする。そして、ＦＡＯは１国１票で途上国の発言力が強いため、アメリカ発の穀物メジャーに都合がよい、「援助」政策を遂行できないことがわかってきた。

そこで、アメリカ主導のＩＭＦ（国際通貨基金）や世界銀行に、ＦＡＯから開発援助の主導権を移行させ、「政策介入による歪みさえ取り除けば、市場は効率的に機能する」という都合のいい名目を掲げて、援助・投資との引き換え条件（conditionality）に、関税撤廃や市場の規制撤廃（補助金撤廃、最低賃金の撤廃、教育無料制の廃止、食料増産政策の廃止、農業技術普及組織の解体、農民組織の解体など）を徹底して進め、穀物は輸入に頼らせる一方、商品作物の大規模プランテーションなどを、思うがままに推進しやすくしたのである。

FAOは弱体化された。真に途上国の立場に立った主張を続け、地道に現場での技術支援活動などを続けてはいるが、基本的には、食料サミットなどを主催して、「ガス抜き」する場になってしまっている。

いまでも、飢餓・貧困人口が圧倒的に集中しているのはサハラ以南のアフリカ諸国であり、この地域がIMFと世銀のconditionalityにより、もっとも徹底した規制撤廃政策にさらされた地域であることからも、「政策介入による歪みさえ取り除けば、市場は効率的に機能する」という市場原理主義的な開発経済学の誤謬が証明されている。というか、そもそも、貧困緩和ではなく、大多数の人々から「収奪」し、大企業の利益を最大化するのが目的だったのだから、当然の帰結なのである。

しかし、彼らは、貧困がなくならないのは、「まだ規制緩和、貿易自由化が足りないからだ！　規制撤廃、関税撤廃を徹底しろ」と言い続け、さらなる収奪による目先の自己利益追求によって貧困を深刻化させている。

こうしたアメリカの穀物メジャーによる自己利益のための開発政策から脱却し、真に途上国の貧困削減につながる開発援助政策を回復するには、ＩＭＦや世銀のconditionalityに対抗して、真に途上国のための投資がおこなえるように、中国、ロシア、インドの新興国が中心となってＡＩＩＢ（アジアインフラ投資銀行）を立ち上げたような動きに、ＦＡＯなどが連携して、アメリカ・穀物メジャー主導に対する対抗軸を形成していく必要がある、との指摘は一定の妥当性を持つように思われる。

ＩＭＦ・世銀のconditionalityで農民組織の解体も指示されたことからも明らかなとおり、「介入による市場の歪みを取り除く」という名目で、大企業の市場支配力による農産物の「買い叩き」と生産資材価格の「吊り上げ」、という市場の歪みを是正しようとする協同組合による拮抗力の形成を否定することは、市場の歪みを是正するどころか、大企業に有利に市場をさらに歪めてしまうことが意図された、ということである。

第4章　危ない食料は日本向け

安全性を犠牲にしてまで安さに飛びつく私たち

2020年1月に発効した日米貿易協定において、今後の追加交渉も含めて、食料の安全基準が争点となっている。アメリカが以前からの懸案事項として優先していた事案が二つあった。BSE（牛海綿状脳症）と収穫後（ポストハーベスト）農薬である。

まず、BSEに対応したアメリカ産牛の月齢制限をTPPの「入場料」（日本が交渉参加したいなら前もってやるべき事項）の交渉で、20カ月齢から30カ月齢まで緩めた。だが、さらに、国会では、これ以上の安全基準の緩和はしないと答弁しながら、水面下では、アメリカから月齢制限の全面撤廃を求められたら即座に対応できるよう、食品安全委員会は撤廃の準備を整えてスタンバイしていた。

一応、アメリカはBSEの清浄国になっているので、30カ月齢までの若齢牛の肉しか買わないというような制限そのものをしてはいけないからだ。しかし、実態は検査率が非常に低いため感染牛が出てこないだけ（日本のコロナ感染者数と同じ）で、食肉加工場での危険部位の除去も、いまでもきちんとおこなわれていない。

そして、ついに、２０１９年５月17日にアメリカ産牛の月齢制限が撤廃された。これは、日米交渉の実質的な最初の成果として出された。こうしてアメリカが日本に是正を求めていた懸案事項の一つはすでに解決した。


もう一つは収穫後農薬の問題である。日本では収穫後に防カビ剤などの農薬をかけるのは禁止だが、アメリカから果物や穀物を船で運ぶ際には農薬をかけないとカビが生えてしまう。

１９７５年４月、日本側の検査で、アメリカから輸入されたレモン、グレープフルーツなどの柑橘類から防カビ剤のＯＰＰ（オルトフェニルフェノール）が多量に検出された。そのため、倉庫に保管されていた大量のアメリカ産レモンなどは不合格品として、海洋投棄された。

これに対してアメリカ政府は、「日本は太平洋をレモン入りカクテルにするつもりか」と憤慨し、日本からの自動車輸出を制限するぞと脅したため、１９７７年に、

ＯＰＰは、「（日本では収穫後に農薬をかけるのは禁止されているが）収穫後にかけた場合は、「食品添加物」ということにする」というウルトラＣの分類変更で散布を認めたのだ。

「自動車輸出の代償として国民の健康を犠牲にした」とも言われたが、自動車で脅され、農業・食料を犠牲にすることで輸出産業の利益を守ろうとする構造はいまも変わりない。

しかし、この問題はまだ終わっていなかった。食品添加物に分類すると、輸入したレモンなどのパッケージに、本来は禁止農薬であるＯＰＰやイマザリルの名前が表示される。アメリカは、これが日本の消費者にマイナスのイメージを与えるから、この表示をやめろと言い出し、現在進行中の日米交渉で表示そのものの撤廃の議論が進められている。

危険な食品は日本に向かう

札幌の医師が調べたら、アメリカの赤身牛肉からはエストロゲン（医学界で乳がん細胞の増殖因子とされているホルモン）が国産牛肉が天然に持っている量の600倍も検出されたとの報告がある。アメリカなどでは、エストロゲンなどの成長ホルモンが肉牛に耳ピアスのようなもので肥育時に投与されている。そこで、日本では、オーストラリア産なら安全ではないかとの見方が示されることがある。

先日も、ある農業関連セミナーの主催者挨拶で「ヨーロッパでは、アメリカ産の牛肉は食べずに、オーストラリアの牛肉を食べています」との話があったので、そのあとの私の講演のなかで、次のことを補足させてもらった。

「日本では、アメリカの肉もオーストラリアの肉も、同じくらいリスクがあります（育肥ホルモン剤を使用していない、つまりホルモン・フリーの表示がないかぎり）。オーストラリアは使い分けていて、成長ホルモンが使用された肉を禁輸しているEUに対しては成長ホルモンを投与せず、ザルになっている日本向けには、しっかり投与しています」と。

一方、アメリカでは、トランプ政権になってからも、アメリカ産牛肉の禁輸を続けるEUに怒り、2019年にも新たな報復関税の発動を表明したが、EUはアメリカからの脅しに負けずに、ホルモン投与をされたアメリカ産牛肉の禁輸を続けている。

EUでは、アメリカ産の牛肉をやめてから17年（1989年から2006年まで）で、因果関係を特定したわけではないが、域内では乳がんの死亡率が45パーセントも減った国があった（アイスランド▲44・5パーセント、イングランド&ウェールズ▲34・9パーセント、スペイン▲26・8パーセント、ノルウェー▲24・3パーセント）（『BMJ』2010）。そうしたなか、最近は、アメリカもオーストラリアのようにEU向けの牛肉には肥育時に成長ホルモンを投与しないようにして輸出しよう、という動きがあると聞いている。

かたや、日本では、国内的には成長ホルモン剤の投与は認可されていないが、すでに消費量の70パーセント近くを占める輸入牛肉については、ごくわずかなモニタリング調査しかおこなっていない。しかも、サンプルを取ったあとは、そのまま通関させて市場に出ていくので、実質的には、ほとんど検査なしのザル状態になっているのだ。だから、オーストラリアのような選択的対応の標的となる。オーストラリアからの輸入牛肉がこういう状態にあることは、日本の所管官庁も認めている(筆者確認済)。

また、ある主婦層向けの女性誌の記事に、「アメリカ国内でも、ホルモン・フリーの商品は通常の牛肉より4割ほど高価だが、これを扱う高級スーパーや飲食店が5年前くらいから急増している」と。また、ニューヨークで暮らす日本人商社マンの話として、「アメリカでは牛肉に「オーガニック」とか「ホルモン・フリー」と表示したものが売られていて、経済的に余裕のある人たちは、それを選んで買うのがもはや常識になっています。自分や家族が病気になってては大変ですからね」と掲載されていた。

ホルモン・フリーが4割高ということは、ホルモンを使用することで、そんなにも費用が減らせるから、肥育農家が使用するのだということもわかる。

さて、かたや日本人は、日米貿易協定が2020年1月1日に発効した、その1カ月間だけで、前年同月比で1・5倍ほどもアメリカ産の牛肉の輸入が増えるなど、アメリカ産の成長ホルモン牛肉に喜んで飛びついている。そんな「嘆かわしい」事態が進行している。

アメリカも、アメリカ国内やEU向けにはホルモン・フリー化が進み、日本が選択的に「ホルモン」牛肉の仕向け先となりつつあるのだ。


さらに、ラクトパミンという牛や豚の餌に混ぜる成長促進剤にも問題がある。これは発がん性だけでなく、人間に中毒症状も起こすとして、EUだけではなく中国やロシアでも国内使用と輸入が禁じられている。日本でも国内使用は認可されていないが、輸入は素通りになっている。

ラクトパミンとrBST（遺伝子組み換え牛成長ホルモン、次節参照）の国際的な安全性は、国際的な安全基準を決めるコーデックス委員会の投票で決まった。つまり、アメリカなどのロビー活動によって、安全性が勝ち取られたということである。なお、抗生物質耐性菌を持ったアメリカ産豚肉には、薬が効かなくなる可能性も指摘されている。

もう一つの成長ホルモンの危険性

アメリカ産乳製品の安全性も心配である。成長ホルモン（エストロゲンなど）の肉牛への投与による牛肉への残留問題に比べて、乳牛に対する遺伝子組み換え牛成長ホルモン（rBST、recombinant Bovine Somatotropin。別名、rBGH、recombinant Bovine Growth Hormone）のことはあまり議論されていない。

アメリカではrBSTのほうが一般的な呼称だが、成長ホルモンに否定的な見解の人はrBGHと呼ぶ傾向がある。だから、rBGHという呼び方をしていれば、否定的な見解の人だとわかる。

ＢＳＴ（牛成長ホルモン）は牛の体内に自然に存在するが、これを遺伝子組み換え技術により大腸菌で培養して大量生産し、乳牛に注射すると、１頭当たりの牛乳生産量が20パーセント程度増加するため（一種のドーピング）、牛乳生産の夢の効率化技術としてアメリカで１９８０年代に登場し、１９９３年に認可され、１９９４年から使用が開始された。ただし、乳牛はある意味「全力疾走」させられて、搾れるだけ搾られてヘトヘトになり、数年で用済みとなる。

そのアメリカでも、1993年に認可されるまでに、人や牛の健康への悪影響や倫理的な問題を懸念する消費者団体・動物愛護団体などの10年に及ぶ反対運動があり、やっと認可にこぎつけたという経緯がある。日本やEUやカナダでは認可されていない。

rBST（商品名はポジラック）を開発・販売したアメリカのグローバル種子企業のM社は、農水省勤務当時の私を訪ねてきて、日本での認可の可能性について議論した。とにかく何から何まで、いいことしか言わなかったことを思い出す。私は、「そんないいことばかり言っていたら、誰も信用しませんよ」と、回答した。そして、かりに日本の酪農家に売っても消費者が拒否反応を示す可能性を話した。

結局、M社は日本での認可申請を見送った。

ところが、認可もされていない日本では、1994年以降、アメリカのrBSTが使用された乳製品が港を素通りして、消費者の元に運ばれている。所管官庁（農水省と厚生労働省）は双方とも、「管轄ではない（所管は先方だ）」と言っていたのをいまでも鮮明に覚えている。

疑惑のトライアングル

私は１９８０年代から、この成長ホルモンを調査しており、約40年前にアメリカでのインタビュー調査をおこなった。

だが、「絶対に大丈夫、大丈夫」と認可官庁、M社、試験をしたC大学は共に、同じテープを何度も聞くような同一の説明ぶりで、「とにかく何も問題はない」と大合唱していた。私は、このような三者の関係を「疑惑のトライアングル」と呼んでいる（図1）。

認可官庁とM社では、M社の幹部が認可官庁の幹部に「天上がり」、認可官庁の幹部がM社の幹部に「天下る」。そして、M社から巨額の研究費をもらって試験して、「大丈夫だ」との結果をC大学の世界的権威

図1　疑惑のトライアングルの相互依存関係

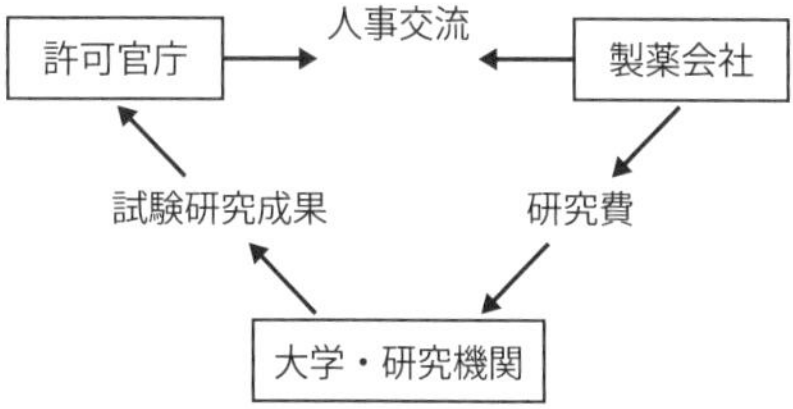

出所：鈴木宣弘『寡占的フードシステムの計量的接近』農業統計協会、2002年。

の専門家が認可官庁に提出する。だから、本当に大丈夫なのかどうかはわからない。

つまり、逆説的だが、「専門家が安全だと言っている」のは、「安全かどうかはわからない」という意味になる。なぜなら、「安全でない」という実験・臨床試験結果を出したら、研究資金は打ち切られ、学者生命も、もしかしたら本当の命さえも危険にさらされる可能性すらあり得る。だから、特に、安全性に懸念が示されている分野については、生き残っている専門家は、大丈夫でなくても「大丈夫だ」と言う人だけになってしまう危険性もあるのだ。

アメリカでは、認可前の反対運動が大きかったことを受けて、rBSTの認可直後には、全米の大手スーパーマーケットがrBST使用乳の販売ボイコットを相次いで宣言した。

しかし、rBSTが牛乳に入っているかどうかは識別が困難なこともあり、ボイコットは瞬く間に収束し、1995年には「rBSTはもはや消費者問題ではない」と多くのアメリカの識者が、筆者のインタビューに答えた。

また、バーモント州が、rBSTの使用の表示を義務化しようとしたが、M社の提訴で阻止された。かつ、rBST未使用（rBST-free）の任意表示についても、そういう表示をする場合は、必ず「使用乳と未使用乳には成分に差がない」との注記をすることを、M社の働きかけで、ＦＤＡ（食品医薬品局）が義務付けた。例えば、次のように。

「rBST/rbST-free, but, no significant difference has been shown between milk from rBST/rbST-treated and untreated cows」

恐れずに真実を語る研究者と人々の行動が事態を動かす

ところが、事態は一変した。rBSTが注射された牛からの牛乳・乳製品には、インシュリン様成長因子（IGF-1）が増加することはわかっていたが、１９９６年には、アメリカのがん予防協議会議長のイリノイ大学教授が、IGF-1の大量摂取による発がん・リスクを指摘して、さらには、１９９８年にも科学誌の『サイエンス』と『ランセット』に、IGF-1の血中濃度の高い男性の前立腺がんの発現率が４倍、IGF-1の血中濃度の高い女性の乳がんの発症率が７倍という論文が発表された。

この直後から、アメリカの消費者のrBST反対運動が再燃し、最終的にスターバックスやウォルマートなどが、自社の牛乳・乳製品には不使用にする、との宣言をせざるを得なくなり、rBSTの酪農生産への普及も頭打ちとなった。そして、もうからなくなったとみたM社は、rBSTの販売権を売却するに至ったのだ。

このことは、自身のリスクを顧みずに真実を発表した人々（研究者）の覚悟と、それに反応して、表示をできなくされても、rBST入りの牛乳の可能性があるなら、その牛乳は飲まない、という消費者の声と行動が業界を動かしたということだ。

その点で、もう一つ注目されるのは、ヨーグルトなどで世界的食品大手のダノンが、rBSTだけでなく、全面的な脱GM（遺伝子組み換え）宣言をアメリカでしたことにあろう。

ダノンは2016年4月、主力の3ブランドを対象に、2018年までにGM作物の使用をやめると発表したのだ。これまでは砂糖の原料のテンサイや、乳牛の餌となるトウモロコシなどにGM作物を使ってきたが、それ以外の作物に切り替えるという。

日本の酪農・乳業関係者も、風評被害で国産品が売れなくなることを心配して、rBSTのことには触れないでおこうとしてきた。これは人の命と健康を守る仕事にたずさわるものとして当然、改めるべきである。むしろ、消費者にきちんと伝えることで、自分たちが本物を提供していることをしっかりと認識してもらう必要がある。

「ＴＰＰプラス」（ＴＰＰを上回る譲歩）の日米ＦＴＡ（自由貿易協定）の第二弾が結ばれたら、rBST使用乳製品がさらに押し寄せてくる。ＴＰＰレベルで、アメリカ政府の試算では日本への乳製品輸出は約６００億円増加すると見込んでいる。

しかし、恐れずに真実を語る人々がいて、それを受けて、最終的には消費者（国民）の行動が事態を変えていく力になることを、私たちは決して忘れてはならない。

アメリカの消費者は、個別表示できなくされても、店として、流通ルートとして「不使用」にして、いくつかの流れをつくって安全・安心な牛乳・乳製品の調達を可能にした。

Ｍ社はrBSTの権利を売却した。このことは、日本の今後の対応についての示唆となる。消費者が拒否をすれば、企業をバックに政治的に操られた「安全」は否定され、危険なものは排除できる。

なぜ、日本はそれができず、世界中から危険な食品の標的とされるのか——。消費者・国民の声が小さいからだろう。

輸入小麦から検出される除草剤成分

農水省の2017年の輸入小麦の残留調査では、アメリカ産の97パーセント、カナダ産の100パーセントからグリホサートが検出されている。アメリカの小麦農家は発がん性に加え、腸内細菌に影響して様々な疾患を誘発するとの指摘もあるグリホサート系の除草剤を、収穫前に散布して収穫している（腸内細菌への影響については、最新では2021年のLeinoらのJournal of Hazardous Materialsの論文がある一方、影響を否定する見解もある）。このような散布は日本では行われていない。かつ、サイロ詰めの段階で収穫後農薬が噴霧されているのを研修に行った日本の農家が目撃したという。日本では収穫後の農薬散布は認められていない。「これは日本輸出用だからいいのだ」とアメリカの農家が研修中の日本の農家に話したと聞いて耳を疑った。

日本の農家も使っているではないか、といわれるが、日本の農家はそれを雑草にかける。雑草にかけるときも慎重にする必要はあるが、いま一番問題なのは、小麦や除草剤耐性の遺伝子組み換え大豆、トウモロコシなど、輸入穀物に残留したグリホサートを日本人が摂取しているという現実である。少ないサンプル調査（2019年）ではあるが、日本の国会議員らの毛髪から輸入穀物由来とみられるグリホサート検出率も高かった（28人中19人から検出、検出率68パーセント）。

農民連分析センターの2019年の検査によれば、日本で売られているほとんどの食パンや多くの小麦粉製品からグリホサートが検出されているが、当然ながら、国産、北海道産、十勝産、有機と書いてある食パンなどからは検出されていない。検出された数値は十分に低く、人の健康に影響はないとの見解もあるが、グリホサートは内分泌撹乱物質で数値が低くても体の調節機能が壊されるとの見解もある。

しかも、世界的にはグリホサートへの消費者の懸念が高まり、欧州各国に加え、アメリカ、カナダ、アルゼンチン、ブラジル、オーストラリア、インドなど多くの国々で規制が強化されている（アメリカでは、2023年から消費者向け販売を停止する）なかで、日本は逆に規制を緩和しているのだ。

日本は、2017年にアメリカからの要請に応じて、小麦から接種されるグリホサートの限界値を6倍に緩めた。本来、残留基準値は日本人（国民）の健康への影響がないように定められているはずである。だが、日本人の健康の基準値をアメリカの要請で5ppmから一気に30ppmにしてしまうことに、科学的合理性が保たれるのだろうか。

アメリカの要請に対応した残留基準値の緩和は、ジャガイモについても行われた。2020年に生食用ジャガイモの全面輸入解禁に向けた協議が開始されたが、それに合わせて農薬（殺菌剤）ジフェノコナゾールを生鮮ジャガイモの防カビ剤として食品添加物に分類変更（日本では、収穫後の農薬散布はできないが、アメリカからの輸送のために防カビ剤の散布が必要なため、食品添加物に指定することで散布を可能に）すると同時に、その残留基準値を0.2ppmから4ppmへと20倍に緩和した。

繰り返しになるが、改めて強調しておきたいのは、筆者は、遺伝子組み換え食品、ゲノム編集食品、肥育ホルモン、農薬、化学肥料、食品添加物などが「安全でない」と言っているのではない。「安全かどうかについては、まだわからない」部分（対立する見解の併存、何十年にわたる長期接種の影響は未知であることなど）があるからこそ、心配する消費者も多いなかで、ＥＵのように「予防原則」に基づく規制を行う妥当性があり、少なくとも、消費者に選ぶ権利を保証する必要があると指摘しているのだ。最終決定権は消費者にある。

GM表示厳格化の名目の「非表示」化

２０１８年３月末に、消費者庁から「消費者の遺伝子組み換え表示の厳格化を求める声に対応した」として、ＧＭ食品の表示厳格化の方向性が示された。

アメリカからは、日本に対してＧＭ表示を認めないとの圧力が強まると懸念されていたなかで、私はＧＭ表示の厳格化を検討するとの発表を聞いたときから、アメリカからの要請に逆行するような決定が本当に可能なのか疑念を抱いていた。

特にアメリカが問題視しているのは、「遺伝子組み換えでない」（non-GM）という任意表示についてである。すなわち、「日本のGM食品に対する義務表示は、対象品目が少なく、混入率も緩いから、まあよい。問題はnon-GM表示を認めていることだ」と日本のGM研究の専門家の一人から聞いていたからなのだ。

「GM食品は安全だと世界的にされているのに、そのような表示を認めるとGMが安全でないかのように消費者を誤認させるからやめるべきだ」という主張であった。NHK「世界の扉」（2012年1月30日放送）でも、別の専門家が明言していた。

日本のGM食品に関する表示義務は、①混入率については、おもな原材料（重量で上位3位、重量比5パーセント以上の成分）についての5パーセント以上の混入に対して表示義務[注1]を課し、②対象品目は、加工度の低い、生《なま》に近いもの[注2]に限られ、加工度の高い（＝組み換えDNAが残存しない）油・醤油をはじめとする多くの加工食品[注3]、また遺伝子組み換え飼料による畜産物は除外とされている。

これは、0・9パーセント以上の混入があるすべての食品に、GM表示を義務付けているEUに比べて、混入率、対象品目ともに極めて緩い。

これに対する厳格化として、決定された内容を見て驚いたのは、①と②はまったくそのままなのである。

厳格化されたのは、「遺伝子組み換えでない」（non-GM）という任意表示についてだけで、現在は5パーセント未満の「意図せざる混入」であれば、「遺伝子組み換えでない」と表示できたのを、「不検出」（実質的に0パーセント）の場合のみにしか表示できないと、そこだけ厳格化したのである（違反すると社名も公表される）。

この表示義務の厳格化が、２０２３年4月から施行されれば、表示義務の非対象食品が非常に多いなかで、可能な限りnon-GMの原材料を追求し、それを「遺伝子組み換えでない」と表示して、消費者にnon-GM食品を提供しようとしてきた、GMとnon-GMの分別管理の努力へのインセンティブが削がれてしまう。そして、小売店の店頭から、「遺伝子組み換えでない」という表示の食品は、一掃される可能性が出てくるだろう。

例えば、豆腐の原材料欄には、「大豆（遺伝子組み換えでない）」といった表示が多いが、国産大豆を使っていれば、GMでないから、今後も「遺伝子組み換えでない」と表示できそうに思うが、流通業者の多くは輸入大豆も扱っているので、微量混入の可能性は拭えない。実際、農民連食品分析センターの分析では、「遺伝子組み換えでない」大豆製品26製品のうち11製品は「不検出」だったが、15製品に0・17パーセントから0・01パーセントの混入があり、今後は、これらは「遺伝子組み換えでない」と表示できなくなる。

「GM原材料の混入を防ぐために、分別管理された大豆を使用していますが、GMのものが含まれる可能性があります」といった任意表示は可能としているが、これではわかりづらくて、消費者に効果的な表示は難しい。

そこで、多くの業者が違反の懸念から、表示をやめてしまう可能性もある。すでにnon-GM表示をした豆腐などからの撤退が始まっている。

GM表示義務食品の対象を広げないで、かつ、GM表示義務の混入率は緩いままで、このようなnon-GM表示だけ極端に厳格化したら、non-GMに努力している食品がわからなくなり、GM食品ばかりのなかから、いったい、消費者は何を選べばよいことになるのだろうか。消費者の商品選択の幅は大きく狭まることになり、わからないから、GM食品でも何でも買わざるを得ない状況に追いやられてしまうだろう。

これでは「GM非表示化」である。厳格化といいながら、アメリカの要求をピッタリと受け入れただけになってしまっている。

注1：GM原材料が分別管理されていないとみなし、「遺伝子組み換え不分別」といった表示が義務となる。

注2：トウモロコシ、大豆、じゃがいも、アルファルファ、パパイヤ、コーンスナック菓子、ポップコーン、コーンスターチ、味噌、豆腐、豆乳、納豆、ポテトスナック菓子など。

注3：サラダ油、植物油、マーガリン、ショートニング、マヨネーズ、醤油、甘味料類（コーンシロップ、液糖、異性化糖、果糖、ブドウ糖、水飴、みりん風調味料など）、コーンフレーク、醸造酢、醸造用アルコール、デキストリン（粘着剤などに使われる多糖類）など。

アメリカのGM表示をめぐる動きとGM表示法

ここで、メディア報道を紹介して、アメリカのGM表示に関する経緯を追ってみよう。

まず、2012年10月18日の「SANKEI EXPRESS」は、「米カリフォルニア州で11月6日、店頭での遺伝子組み換え作物の表示義務化をめぐる住民投票が実施される。アメリカは、これまで官民で組み換え作物を推進しており、安全性に問題はないとして、表示義務はないが、消費者団体などが投票を提案。義務化が実現すれば全米初。

州法案は、州内で販売される組み換えの野菜や果物、組み換え作物を原料にした加工食品に「遺伝子組み換え」「組み換え原料を使用」などと表示させる。

9月17日から23日、南カリフォルニア大学などが実施した世論調査では、「賛成」が61パーセント。「反対」の25パーセントを大きく上回った。「反対」の陣営にはモンサントのほか、影響を受けるコカ・コーラ、ケロッグ、クラフト・フーズなど大手食品メーカーがずらり。

「組み換え作物は安全なのに、表示は誤解を招く」、「製造コストが増えて食料品の価格が上がる」と訴える。9月下旬からテレビ広告も開始し、巻き返そうと躍起だ」（筆者要約）と報じた。

そして、同年11月7日の「Food Navigator-USA」では、「当初の世論調査では、法案支持派が多数を占めていたが、投票日が近づくにつれて反対派との差は徐々に縮まってきていた。投票結果は賛成47パーセントに対して反対が53パーセントとなり、法案は否決された。賛成派が食品に関する消費者の知る権利を主張したのに対し、反対派は無用な訴訟の発生や食料費の増大などを指摘し、大量の資金をつぎ込んで反対キャンペーンを展開してきた。反対派として名を連ねたのはモンサント社、ペプシコ社、クラフト社、ゼネラルミルズ社、デュポン社などの大企業で、宣伝広告やロビー活動に費やされたのは4500万ドルであった。一方、賛成派のキャンペーン活動はオーガニック食品や自然食品の会社を中心としておこなわれ、広告費は600万ドルから800万ドル程度であったと伝えられている」（同要約）という経緯であった。

一方、２０１６年７月29日、オバマ米大統領（当時）が「米国遺伝子組み換え食品表示法」に署名し、遺伝子組み換え食品表示が法律で義務化されることになった。一見すると、規制が強まったようにみえるが、もちろんそんなことはない。実は、表示といってもＱＲコード（スマホなどで読み取るモザイク状コード）だけで良く、その食品が遺伝子組み換え食品かどうかは、実際に読み取って確かめなければわからない。事実上の「非表示法」なのだ。

表示の義務化を求める運動の力で、グローバル種子企業や大手食品企業が多額のキャンペーン資金を使って、各州のＧＭ表示法の成立を阻んできたのが、ついに崩れ、２０１４年４月、全米で初めてバーモント州がＧＭ食品の表示義務化法案（０・９パーセント以上混入のすべて、というＥＵなみの基準）が可決され、２０１６年の７月１日から施行された。

オバマ大統領が署名した連邦法は、こうした州ごとの法律を無効とする内容まで盛り込まれている（http://www.zenshin.org/zh/s-kiji/）。州レベルの厳しい表示義務化の動きを潰すための法律なのである。

GM作物の種は「知的財産」として法的に保護されている。農家がM社のGM大豆の種から大豆を収穫し、その大豆から自家採種した種を翌年播くと「特許侵害」に当たる。M社の「私的警察」が監視しており、違反した農家は提訴されて、多額の損害賠償で破産するという事態がアメリカでも報告されている。

また日本でも、千葉県の有機栽培の菜種農家の方が調べたら、道路端の菜種のなかにGM菜種が混じっていたという。輸入した搾油用の菜種が千葉港から運ばれる途中で道に落ちて、自生してしまったようだ。

それが万が一、畑に混入した場合には、農家がM社を訴えるべきだと思われるが、世界で起こっていることは逆なのである。なんと、M社が農家を訴えることになりそうだ。遺伝子を組み換えたDNAの特許を取っているので、それを農家が勝手に使用した特許侵害にあたるとして提訴する可能性すらあるのだ。

さらにM社は、世界中の国の種会社を買収している。GMの種しか販売できないようにしていく動きではないかと懸念される。

こうして農家が生産を続けるには、M社の種を買い続けるしかなく、種の特許を握る企業による世界の食料生産のコントロールが強化されていく。また、実際に、地域一帯の種を独占したあとに種の値段を引き上げたため、インドの綿花農家に多くの自殺者が出て社会問題化した。

国産の安全神話の崩壊

NHK「クローズアップ現代プラス」『世界でどう闘う?農産物のJAPANブランド~求められる戦略~』に、2020年10月22日、私はスタジオ生出演を依頼されコメントを求められた。

高品質の農作物として世界の消費者に認められてきた「JAPANブランド」。しかしいま、世界の新たな潮流に直面し、岐路に立たされているというのだ。

日本は、国内における農薬などの安全基準そのものが緩いので、「日本の農産物は安全で、輸入品にはリスクがある」という、いままでの見方を根底から覆す、ないしは、大幅に修正せざるを得ないような事態が進行していることが判明したのである。

実際に、農水省が諸外国（アメリカ、カナダ、オーストラリア、EU、中国、韓国、台湾、タイ、ベトナムなど17の国と地域）と日本との残留農薬基準値を比較する調査をし、各種の農薬の各国ごとの基準値が、日本のほうが緩い場合を赤色に塗った表を13の作物（コメ、りんご、ぶどう、もも、なし、かんきつ〈かんきつ類、温州みかん〉、いちご、かき、メロン、ながいも、かんしょ、茶）ごとに作成したところ、どの品目も、ほとんど「真っ赤」になる衝撃の結果となった（https://www.maff.go.jp/j/shokusan/export/zannou_kisei.html）。

日本の農産物は「安全でおいしい」「見た目も美しい」を武器に、国内外の消費者にアピールしてきたつもりであった。だが、日本の農産物の「安全神話」は崩壊しつつあるのだ。

近年、EUを中心にアジアなどでも進む農薬の使用基準の強化に、日本が取り残されつつあるのである。

世界で強まる農薬規制とタイの衝撃

こうした動きの先頭を走ってきたのが、ＥＵである。各国は「コーデックス」という国際基準に基づいて、農産物ごとに使用してもよい農薬の種類や量を定めるのが原則である。しかし、ＥＵは、２０００年代から、健康への懸念や環境への影響を訴える市民の声が高まるなか、この枠組み以上に厳しい基準を独自に設定して、基準を引き上げてきたのだ。

タイなど、ＥＵ向けの輸出に力を入れている国々を中心に、途上国なども追従して規制強化を進めており、それが世界的に広がってきている。結果として日本より厳しい基準になるケースが増えているのである。

タイでは、農薬のパラコート（除草剤）、クロルピリホス（殺虫剤）とグリホサートについて、健康への悪影響が懸念されるとして、タイ保健省が使用禁止を求め、タイ政府の有害物質委員会が２０１９年10月、同年12月から使用、製造、輸出入、所有を禁止する決定を下した。

しかし、コスト増加を懸念してタイの農業界が反対し、加えて、グリホサートが残留しているアメリカ産大豆や小麦などの輸入を妨げるとして、アメリカ政府が反発した。

これを受けて同委員会は決定を覆し、グリホサートは使用継続としたが、パラコートとクロルピリホスについては、時期を2020年6月に遅らせたものの、使用禁止とした。

パラコートもクロルピリホスも、日本でも普通に使用している農薬であるため、これらが禁止されると、タイへのリンゴなどの輸出を増やそうとしていた日本の農家は、タイの通関で止められてしまうことになり、途方に暮れることになる。

グローバル種子・農薬企業をめぐる裁判の波紋

国際的な基準以上に、厳しい基準を要求するEU市民の運動の背景には、規制当局に対する信頼の揺らぎがあると思われる。

その一つの象徴的な案件は、グローバル種子・農薬企業が販売するグリホサートをめぐる裁判である。グリホサート系除草剤の散布に従事した人々が、それによってがんを発症したとして販売会社を訴えたのである。

このカリフォルニアの裁判で、グローバル種子・農薬企業とアメリカの規制当局とが、グリホサートが安全であるように導こうと裏で連携していた可能性が疑われるメールのやり取りなどが証拠として提出された。企業側は、膨大なメールのやり取りから意図的に一部を切り取っていると反発した。しかし、これによって、320億円、2200億円といった莫大な損害賠償判決が言い渡され、企業側の敗訴が続いたのだ。

その後も、アメリカ各地で当該企業を訴える人が後を絶たず、その数はすでに10万人以上に上っている。こうしたなか、あくまで経済的な損失を抑えるためとして、企業側はおよそ1兆円で75パーセントの原告と和解しようとしている。

この除草剤については、国際がん研究機関を除けば、欧州食品安全機構、アメリカ環境保護庁といった多くの規制当局が、発がん性は認められない、としている。しかし、裁判で明らかにされた企業の内部文書や企業敗訴の判決結果によって、規制当局に対する消費者の信頼が大きく揺らいでいる。特に、ＥＵでは市民運動が高まり、それに対応して消費者の懸念があれば、農薬などの規制を強化する傾向が強まっている。

日本では、輸出向けだけに、基準クリアのための対応をする傾向があるが、世界的には、先に述べたタイなど、ＥＵ向け輸出に力を入れている国々を中心に、国内消費者も含めて、国全体の基準を厳しく改定しているということである。

ただ単に、輸出対応という理由だけでなく、世界的に食の安全への意識が高まっていることも忘れてはならない。だが、日本の基準は緩い。一方で、その問題が、海外から日本へ危険な農作物が入りやすくなることを招いている。

繰り返しになるが、除草剤は、国内では小麦にかける人はいないが、アメリカでは、小麦、大豆、トウモロコシに直接かける。それが残留基準の緩い日本に大量に入ってきて、小麦粉、食パン、醤油などから検出される。

畜産物の成長ホルモン投与も、日本では認可されていないが、輸入はザル状態なので、アメリカからの輸入品には含まれる。先述のとおり、国産牛肉が天然に持っている量の600倍ものエストロゲンが、アメリカ産牛肉から検出された事例もあるのだ。

世界のトレンドをつくるのは消費者

農薬を規制する流れは、当然ながら、世界的な有機農産物市場の急速な拡大にもつながっている。

有機栽培は、コロナ禍での免疫力強化の観点からもいっそう注目されていて、欧州（EU）委員会は、2020年5月に、2030年までの10年間に「農薬の50パーセント削減」「化学肥料の20パーセント削減」に加えて、「有機栽培面積の25パーセントへの拡大」などを宣言した。

EUへの有機農産物の輸出の第1位は中国となっており、かつ、輸出向けにだけ有機栽培を増やす中国の国家戦略なのかと思いきや、最新のデータ（印鑰智哉氏提供）によると、中国はすでに世界3位の有機農産物の生産国になっている。これが世界で起きている現実なのである。

我が国でも「有機で輸出振興を」という取り組みも一つの方向性だろう。しかし、世界の潮流から日本の消費者、生産者、流通業者、政府が学ぶべきは、まず、世界水準に極端に水を開けられたままの国内市場に目を向けることにある。

そして、ＥＵ政府を動かし、世界潮流をつくったのは消費者であって、最終決定権は消費者にあることを、日本の消費者も今一度自覚したい。

世界潮流から消費者も学び、政府に何を働きかけ、流通業界にどのようなシグナルを送り、生産者とどう連携して支え合うか、ここで改めて考えて欲しい。それに応えた公共支援が相俟って、安全・安心な日本の食市場が成熟すれば、その延長線上に輸出の機会も広がるだろう。

輸出だけ有機・減農薬の発想でなく、世界の食市場の実態を知ることから、足元を見直すことが不可欠な道筋である。

そもそも、国内需要の６割以上を輸入に取られてしまって、輸出だけ叫んでみても意味がない。海外の潮流を国内にも取り込んで、国内需要と輸出とを含めた総合的な需要創出の戦略が必要である。

「わからない」のが正しい

最近、科学的であることを前面に打ち出した消費者団体を、よく目にする。その指摘は、遺伝子組み換えは安全、防カビ剤は安全とか、一般に消費者が不安に思っている食の安全に関する問題のいずれも「何も不安に思う必要はない」というものである。これは開発・販売側の発言と極めて一致しており、「非科学的で無知な消費者を卒業しよう」とさとすような内容になっている。

政府の審議会には、消費者の代表に入ってもらう必要があるが、こうした「科学的」消費者団体は、科学的なことがわかる消費者代表として重宝されつつある。推進したい企業・政府側に消費者が懸念を表明するという構図が消えて、双方が賛成となるので進めやすい。

消費者団体の方のなかには、「科学的なことは文系の私にはわからないので、審議会に出ても確信を持って発言できないから遠慮する」という謙虚な人もいる。

しかし、そもそも、GM食品などの長期摂取の人体への影響は「わからない」のである。それは非科学的でも無知なのでもなくて、それが正しいのである。「大丈夫」と断言するほうが間違っているのだ。

至極妥当な意見の人が遠慮して、あるいは、排除されて、「科学的」消費者が代表ばかりになったら抑止力がなくなってしまう。

「自然科学のことがわかる専門家なら正しい」にも疑問符がつく。巨額の研究資金を必要とする自然科学の研究者は、一度、利益享受者とのつながりができたら、その技術を否定しづらくなる可能性がある。研究資金の出所の違いで、「科学的」見地からの発言も真っ向から食い違うこともよくある。

こうしたなか、消費者庁で食品添加物のパッケージ表示を、「スマホで調べたらわかる」という簡略化をする方向で、２０２１年から実証実験を始めている。

食品添加物の安全性についても、まだ「わからない」ことが多い。それを心配する消費者が多いのだから、最低限、表示して選べるように「選択の権利」を保証すべきである。なのに、日本の消費者のためにＧＭ表示を厳格化すると言いながら、アメリカのグローバル種子・農薬企業の要請そのままに、実質ＧＭ非表示にしてしまった（2023年から施行）。

消費者庁は、さらに、この食品添加物の表示にも、先の「アメリカの新たなGM表示法が、実はスマホで調べればわかるという実質GM非表示法だった」というのと同じ手法を使おうとしている。

消費者庁が実現したとき、消費者は歓喜した。しかし、さまざまな検討が、消費者不在で、糸を辿ると同じ根っこに辿り着く。

一方の側だけで、議論した形を自作自演しているとの懸念も出ている。何のために消費者庁をつくったのか。消費者を守るのでなく、消費者を欺き、一部の「いまだけ、カネだけ、自分だけ」しか考えないグローバル企業が、健康リスクに蓋をして儲けるために、消費者庁が機能することになってしまったなら、こんな悲しいことはない。

繰り返しになるが、一つ強調しておきたいのは、筆者は、遺伝子組み換え食品、ゲノム編集食品、肥育ホルモン、農薬、化学肥料、食品添加物などが「安全でない」と言っているのではない。「安全かどうかについては、まだわからない」部分があり、かつ、心配する消費者も多いなかで、消費者に選ぶ権利を保証する必要があると指摘しているのである。

自由貿易がもたらす、もう一つの健康被害

あまり論じられていないが、貿易自由化のリスクの一つに食料輸入と窒素過剰の問題がある。日本の農地が適正に循環できる窒素の限界は、124万トンなのに、すでに、その2倍近い238万トンの食料由来の窒素が環境に排出されている。日本の農業が次第に縮小してきているので、日本の農地・草地が減って、窒素を循環する機能が低下してきている。

その一方で、日本は国内の3倍にも及ぶ農地を海外に借りているようなもので、そこからできた窒素などの栄養分だけ輸入しているから、日本の農業で循環し切れない窒素がどんどん国内の環境に入ってくることになる。

238万トンのうち80万トンが畜産からで、しかも、飼料の80パーセントは輸入に頼っているから、64万トンが輸入の餌によるものである。1・2億人の人間の屎

尿64万トンの窒素に匹敵する窒素が輸入飼料からもたらされていることになるのだ。

窒素は、ひとたび水に入り込むと、取り除くのは莫大なおカネをかけても技術的に困難だという点が根本的な問題であろう。

下水道処理というのは、猛毒のアンモニアを硝酸態窒素に変換し、その大半は環境に放出されており、けっして硝酸態窒素を取り除いているわけではない。硝酸態窒素の多い水や野菜は、乳児の酸欠症や消化器系がんの発症リスクの高まりといった形で、人間の健康にも深刻な影響を及ぼす可能性が指摘されている。糖尿病、アトピーとの因果関係も疑われている。乳児の酸欠症は、欧米では40年以上前からブルーベビー症として大問題になった。

日本では、牛が硝酸態窒素の多い牧草を食べて、「ポックリ病」で年間100頭程度死亡しているという（西尾道徳『農業と環境汚染』農山漁村文化協会、2005年）。日本では、乳児に離乳食を与えるのが遅い（欧米より高い年齢で与える）から、かりに硝酸態窒素の多いホウレンソウの裏ごしなどを食べさせても、酸欠症状には至らないとされてきたが、水が原因の酸欠症の事例がある。死亡事故には至らなかったが、硝酸態窒素濃度の高い井戸水を沸かして溶いた粉ミルクで、乳児が重度の酸欠症状に陥った例が報告されている（田中淳子ほか「井戸水が原因で高度のメトヘモグロビン血症を呈した1新生児例」『小児科臨床』49、1996年）。

乳児の突然死の何割かは、実はこれではなかったかとも疑われ始めている。因果関係は確定していないとの理由で、日本では、野菜には基準値が設けられていないが、乳児の酸欠症との関係が明らかなことを考慮すると、事態を重く受け止める必要があるように思われる。

実は、日本では、平均値で、ほうれんそう3,560ppm、サラダ菜5,360ppm、春菊4,410ppm、ターツァイ5,670ppmなどの硝酸態窒素濃度の野菜が流通しており、EUが流通を禁じる基準値、約2,500ppmを遥かに超えている。また、WHOのADI対比で、日本の1歳から6歳は2・2倍、7歳から14歳は1・6倍の窒素を摂取しているという。

我々の試算では、例えば、コメ関税の撤廃で日本の水田がほとんど耕作放棄されてしまうような事態を想定すると、国家安全保障上のリスクに加えて、窒素の過剰率は現状の1・9倍から2・7倍まで上昇してしまう可能性がある。他にも失うものは数多くある。

①カブトエビ、オタマジャクシ、アキアカネなど多くの生き物が激減し、生物多様性にも大きな影響が出る

②フード・マイレージ（輸送に伴うCO_2の排出）が10倍に増える

③バーチャル・ウォーター（輸入されたコメをかりに日本でつくったとしたら、どれだけの水が必要かという仮想的な水必要量）も22倍になり、水の比較的豊富な日本で水を節約して、水不足が深刻なカリフォルニアやオーストラリアで環境を酷使し、国際的な水需給を逼迫させる

などの可能性を試算している（表1）。

これらのことは、環境に廃棄されている未利用資源（家畜糞尿、食品加工残渣、生ゴミ、作物残渣、草資源等）を肥料や飼料や燃料として利用する割合を高めることも含め、輸入飼料や化学肥料を減らし、農業が自国で資源循環的に営まれることこそが国民の命を守り、環境を守り、地球全体の持続性を確保できる方向性だという

表１　コメ関税撤廃の経済厚生・自給率・環境指標への影響試算

変数		現状	コメ関税撤廃後
日本	消費者利益の変化（億円）	—	21,153.8
	生産者利益の変化（億円）	—	▲10,201.6
	政府収入の変化（億円）	—	▲988.3
	総利益の変化（億円）	—	9,963.9
	コメ自給率（％）	95.4	1.4
	バーチャル・ウォーター（立方km）	1.5	33.3
	農地の窒素受入限界量（千トン）	1,237.3	825.8
	環境への食料由来窒素供給量（千トン）	2,379.0	2,198.8
	窒素総供給/農地受入限界比率（％）	192.3	266.3
	カブトエビ（億匹）	44.6	0.7
	オタマジャクシ（億匹）	389.9	5.8
	アキアカネ（億匹）	3.7	0.1
世界計	フード・マイレージ（ポイント）	457.1	4,790.6

資料：筆者試算。

ことを強く示唆している。

これ以上の貿易自由化は、こうした観点からも「Ｎｏ！」である。もちろん、国産の青果物の窒素過剰の現実を改善するための取り組みの強化も、喫緊の課題と認識すべきと思われる。

安さのもう一つの秘密

さらに、アメリカ産食肉の安さのもう一つの秘密も、今回のコロナ禍で判明した。安いものには必ずわけがある。

食肉生産の肥育における成長ホ

ルモン投与も、安全性を犠牲にしてコストを下げる効果があるが、アメリカなどの食肉には、もう一つの問題が露呈した。

食肉加工場の劣悪な労働環境だ。アメリカなどの食肉加工場での劣悪な労働環境下での低賃金・長時間労働の強要が、コロナウイルスの集団感染につながったことをPARC（パルク。特定非営利活動法人アジア太平洋資料センター）共同代表の内田聖子氏が詳細に報告している。

これは、低賃金・長時間労働で不当にコストを切り詰めて輸出競争力を高めるソーシャル・ダンピングであり、衛生面・安全面も含めた環境に配慮するコストを、不当に切り詰めて輸出競争力を高めるエコロジカル・ダンピングともいえる。

つまり、アメリカにおける食肉の安さは、労働や環境コストを不当に切り詰めることによってもたらされてきたことが、計らずもコロナ禍で露呈したのである。いや、食肉加工だけでなく、メキシコやカリブ諸国の安価な移民労働に依存するアメリカ農産物全体に言えることであろう。

本来、負担すべき労働や環境コストを負担せずに安くなった商品は、正当な商品とは認められないのであり、輸入を拒否すべき対象といえる。安いと言って、それに飛びついてはいけない。

ついでながら、アメリカ型の医療制度を日本に持ち込むリスクがわかったのが、コロナ禍である。

アメリカでは、無保険で病院から拒否された人、高額の治療費が払えず病院に行けない人が続出した。アメリカの最終目標は、アメリカ型の民間保険の日本における導入、営利病院の進出であろうが、こんな仕組みを強要されたらたまらない。このことは、今回のコロナ禍で日本国民にも痛いほど認識されたと思う。

スイスは、２０１７年の新憲法において「１０４ａ条　食料安全保障」を明記し、「d．農業と農産食品部門の持続可能な発展に資する国際貿易」を推進すると宣言した。

これは、輸入相手国に対しても持続可能な農業生産でない、要するに、生産段階で燃料や化学肥料を大量に使うなど、環境への配慮や安全・衛生水準が低く、労働条件が劣悪な国からの輸入を制限するということを意味する（石井勇人共同通信アグリラボ所長）。

ドイツでは、持続可能性の指標として、持続性のある資源利用（有機肥料や家畜糞尿の活用など）、生物多様性、土壌・水・大気の保護、雇用環境、採算性、安定性、社会貢献などの指標に基づいて、農産物の生産環境・背景などを各10点満点で評価し、それを取引に活用していこう（例えば、点数が基準以下のものは取引しないとか、点数の高いものを優遇するなど）という動きがある（前出・石井氏）。

日本も、それらの国に学び、日本が輸入する食料に対して、持続可能性に配慮しないことによって不当に安く供給されるものは受け入れない、という明確な基準を設定し、貿易交渉で主張すべきであろう。

関税削減を強いられるなかで、そうしたルールの明確化を、安全・安心な国産食料を守る一つの防波堤にしていく必要があるだろう。

第5章　安全保障の要としての国家戦略の欠如

農業過保護論の虚構その①　もっとも守られた閉鎖市場か

農業を貿易の取引材料にするために、「日本の農業は過保護だ」というウソがメディアを通じて国民に広く刷り込まれてきた。

保護政策をやめれば、自給率が上がるかのような議論がある。だが、日本の農業が過保護だから自給率が下がった、耕作放棄が増えた、高齢化が進んだ、というのは間違いである。過保護なら、もっと所得も生産も増えていいはずだ。

逆に、アメリカは競争力があるから輸出国になっているのではない。多い年には穀物輸出の補助金だけで1兆円も使うのだ。コストは高くても、自給は当たり前で、いかに増産して世界をコントロールするか、という徹底した食料戦略で輸出国になっている。つまり、一般に言われている「日本＝過保護で衰退、欧米＝競争で発展」というのは、むしろ逆なのである。

日本の農業が過保護だから、TPPなどのショック療法で競争にさらせば強くなって輸出産業になるというのは、前提条件が間違っている。だから、そんなことをしたら、最後の砦まで失って、息の根を止められてしまいかねない。

コロナ禍を機に、早くに関税撤廃したトウモロコシ、大豆の自給率が、それぞれ０パーセント、７パーセントであることを、もう一度直視する必要がある。

日本のように、農業政策を意図的に農家保護政策に矮小化して批判している場合ではない。客観的なデータで、農業過保護論の間違いを国民が認識し、諸外国のように、国民の命と地域の暮らしを守る真の安全保障政策としての食料の国家戦略を確立する必要がある。

ＯＥＣＤ（経済協力開発機構）のデータによれば（図1）、日本の農産物の関税率は11・７パーセントと低く、多くの農産物輸出国の二分の一から四分の一程度である。こんにゃくが１７００パーセントの関税であることを強調する人もいるが、野菜の関税率は３パーセント程度がほとんどで、極めて低い関税の農産物が９割も占めるのは日本だけである。農業が高い関税に守られ鎖国のようになっている、とはよく言ったものだ。食料自給率が38パーセントの国の農産物関税が高いわけがない。

図1　主要国の農産物平均関税率

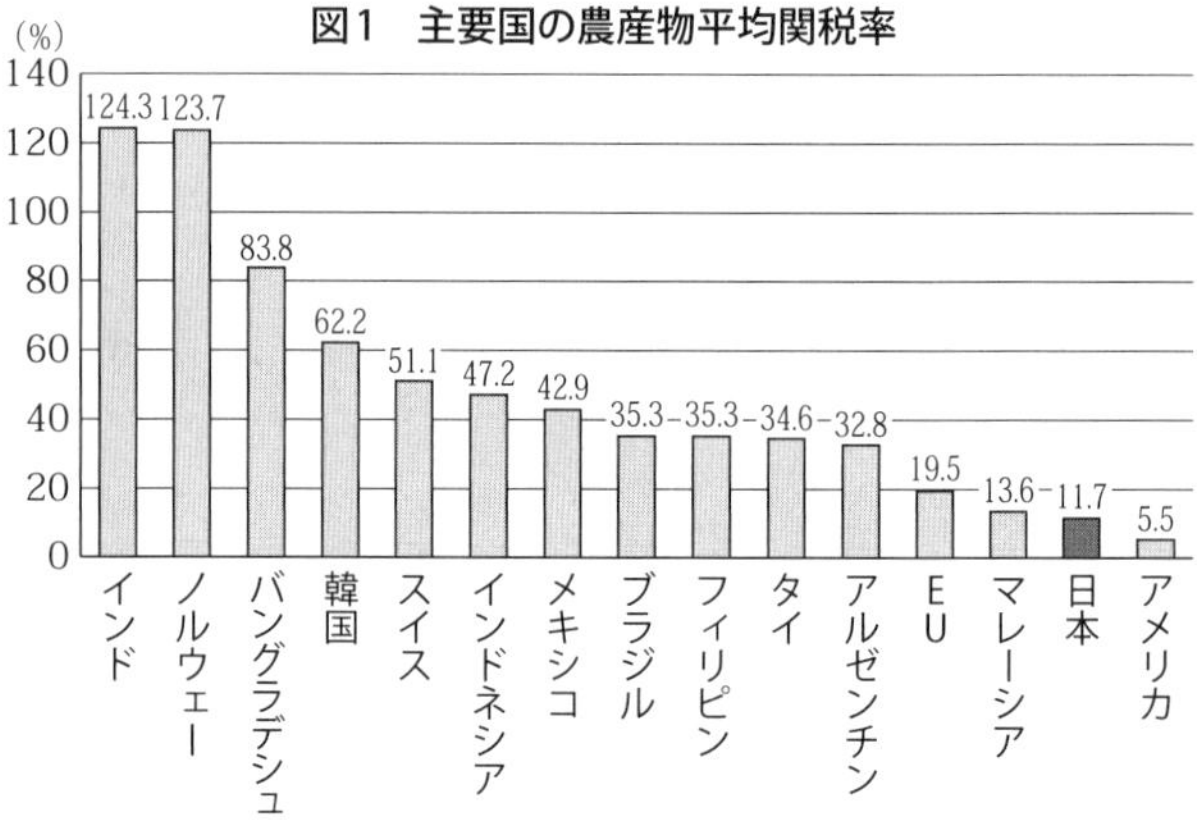

出所：OECD「Post-Uruguay Round Tariff Regimes」(1999)
注：WTOのドーハ・ラウンドが頓挫しているため、WTO協定上は1999年に妥結したウルグアイ・ラウンドで合意された関税率が現在まで適用されているので、これが最新である。単純平均で、輸入実績のない品目は算入されていない。

表1　主要国の農産物・乳製品の関税率(2017年)

(単位:%)	農産物		乳製品	
	単純平均	加重平均	平均	最高税率
日本	13.3	12.9	63.4	546
韓国	56.9	85.5	66.0	176
EU	10.8	8.7	35.9	189
スイス	35.2	28.3	154.4	851
ノルウェー	42.1	28.6	122.6	443
アメリカ	5.3	4.0	18.3	118
カナダ	15.7	14.7	249.0	314
豪州	1.2	2.4	3.1	21
NZ	1.4	2.3	1.3	5

出所：『World Tariff Profiles 2018』。
注：MFN（最恵国待遇）税率。加重平均は2016。

ニュージーランド（NZ）とオーストラリア（豪州）以外は、乳製品の関税は世界的に総じて高い（表1）。なぜだろうか。

まず、世界の酪農の競争力については、NZと豪州の競争力が突出しており、アメリカ、カナダ、EU、日本などは、全面的な関税撤廃をしたら、国内の酪農がもたない、という構造がある。

そして、アメリカでは酪農が「公益事業」（電気やガスと同じようなもの）と言われるくらい、牛乳・乳製品はもっとも重要な基礎食料である。だから、その国産の牛乳・乳製品を守るためには、NZと豪州に対して全面的な貿易自由化はとてもできないという事情がある。

NZと豪州以外の国は、ガット（GATT、関税貿易一般協定）のウルグアイ・ラウンド（UR）合意以前は、乳製品の輸入数量制限をしていた。UR合意で、数量制限をやめて「関税化」したが、低関税の輸入枠と禁止的二次税率を設定した。そのため、いまでも、各国の乳製品の平均関税は高く、最高税率はNZと豪州以外のほとんどの国で100パーセントを超えている。農産物全体の平均よりも乳製品の関税が総じて高いことからも、乳製品の特別な位置づけがわかる。

特に、カナダは、穀物を中心に農産物の大輸出国で、農産物関税も低いと思い込んでいる人が多いと思うが、表1の数値は衝撃的である。

単純平均で15・7パーセントというカナダの農産物関税率は、日本の13・3パーセント、EUの10・8パーセントよりも高い。しかも、カナダが徹底的に守る姿勢を崩さない酪農については、なんと、平均関税が249・0パーセントという突出した水準になっているのだ。

「関税化」と併せて、輸入量が消費量の3パーセントに達していない国（カナダもアメリカもEUも）は、消費量の3パーセントをミニマム・アクセスとして設定して、それを5パーセントまで増やす約束をした。だが、実際には、せいぜい2パーセント程度しか輸入されていない。

ミニマム・アクセスは、日本が言うような「最低輸入義務」でなく、アクセス機会を開いておくという意味であり、需要がなければ入れなくてもよいのである。

欧米諸国にとって、乳製品は外国に依存してはいけないのだから、無理して、それを満たす国はない。かたや、日本は、すでに消費量の３パーセントをはるかに超える輸入があったので、その輸入量を13万７０００トン（生乳換算）のカレント・アクセス（平均輸入量の維持）として設定して、毎年、忠実に満たし続けている、唯一の「超優等生」である。

コメについても同じで、日本が、本来、義務ではないのに、毎年77万トンの枠を必ず消化して輸入しているのは、アメリカとの密約で、「日本は必ず枠を満たすこと、かつ、その約半分の36万トンはアメリカから買うこと」と命令されているからである。

虚構その②　政府が価格を決めて農産物を買い取る制度

価格支持政策をほぼ廃止したＷＴＯ（世界貿易機関）加盟国一の哀れな「優等生」が日本で、他国は必要なものはしたたかに死守する。

しばしば、欧米は価格支持から直接支払いに転換した（「価格支持→直接支払い」と表現される）が、実際には、「価格支持＋直接支払い」のほうが正確だろう。

つまり、価格支持政策と直接支払いとの併用によってそれぞれの利点を活用して、価格支持の水準を引き下げた分を、直接支払いに置き換えているのである。なんと、価格支持をほぼ廃止したのは日本だけなのである。

特に、EUは加盟各国民に理解されやすいように、環境への配慮や地域振興の「名目」で、理由づけを変更して農業補助金総額を可能な限り維持する工夫を続けているが、「介入価格」による価格支持も堅持していることは意外に見落とされている。「支持価格の水準が低いから機能していない」との見解もあるが、図2を見てもわかる通り、「最低価格」が介入価格なのである。

イギリスのサッチャー政権で一元的な生乳販売組織のミルク・マーケティング・ボード（MMB）が解体されて、多国籍乳業と大手スーパーに買い叩かれ、乳価は暴落したが、最低価格で支えられたことが読み取れる。介入価格よりも乳価が下がらないように、バターと脱脂粉乳の買い入れが発動されるからである（日本では、MMB解体後の惨状を「反面教師」とせずに、指定生乳生産者団体の解体の方向性を2017年に法制化し、かつ政府による最低限の買い支えも完全に廃止した）。

図2　EU主要国の生産者乳価の比較

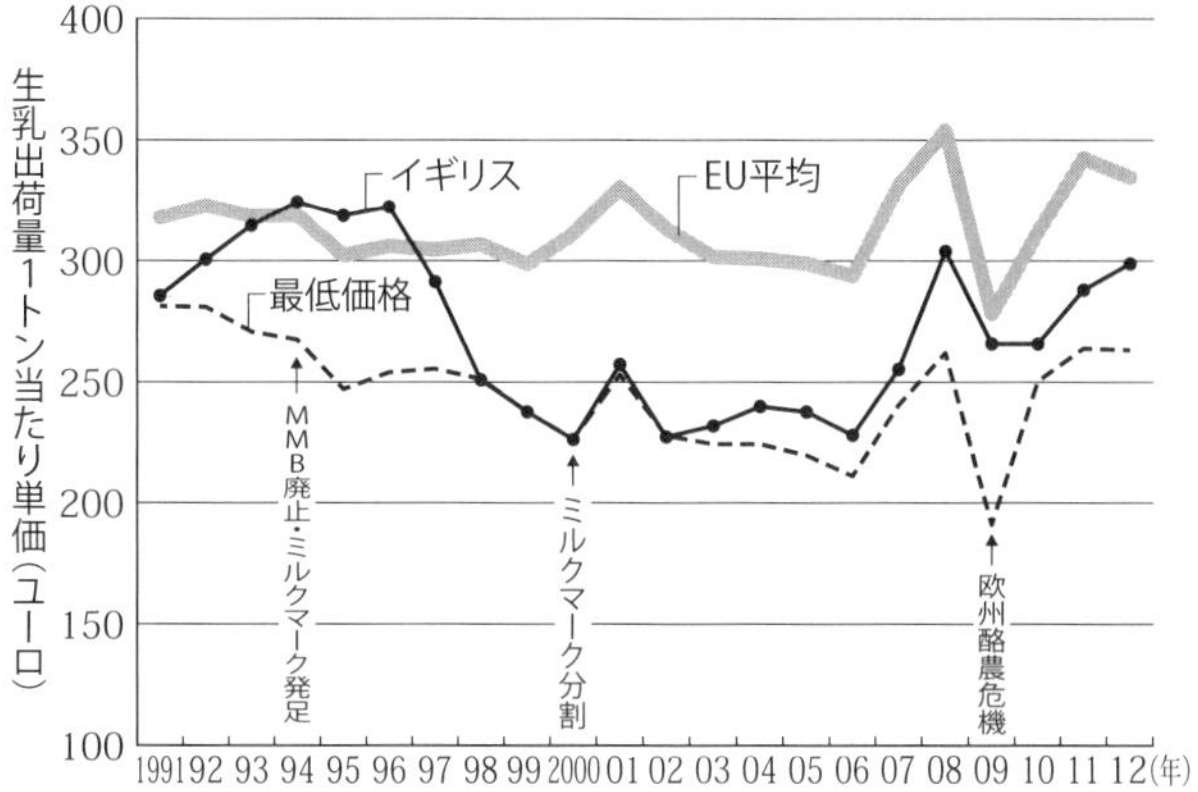

資料：Eurostat
注：「単価」は生産者価格ベース出荷額を購買力基準（Purchasing Power Standard：PPS）で実質化し、出荷量で割った加重平均値。ただし、「EU平均」は、1991年にすでに加盟国であった12ヵ国から出荷量が非常に少なく異常データをもつギリシャとルクセンブルクを除く10ヵ国（ベルギー・デンマーク・ドイツ・アイルランド・スペイン・フランス・イタリア・オランダ・ポルトガル・イギリス）の加重平均値である。

アメリカ・カナダ・ＥＵは、穀物や乳製品を支持価格で買い入れし援助や輸出に回す。特にアメリカは、政府在庫の出口として、援助や輸出信用（焦げ付くのが明らかな相手国にアメリカ政府が保証人になって食料を信用売りし、結局、焦げ付いてアメリカ政府が輸出代金を負担すること）も活用している。多い年には、輸出信用で４０００億円、食料援助（全額補助の究極の輸出補助金）で１２００億円も支出しているのである。

図3　アメリカの穀物などの実質的輸出補助金（日本のコメ価格で例示）

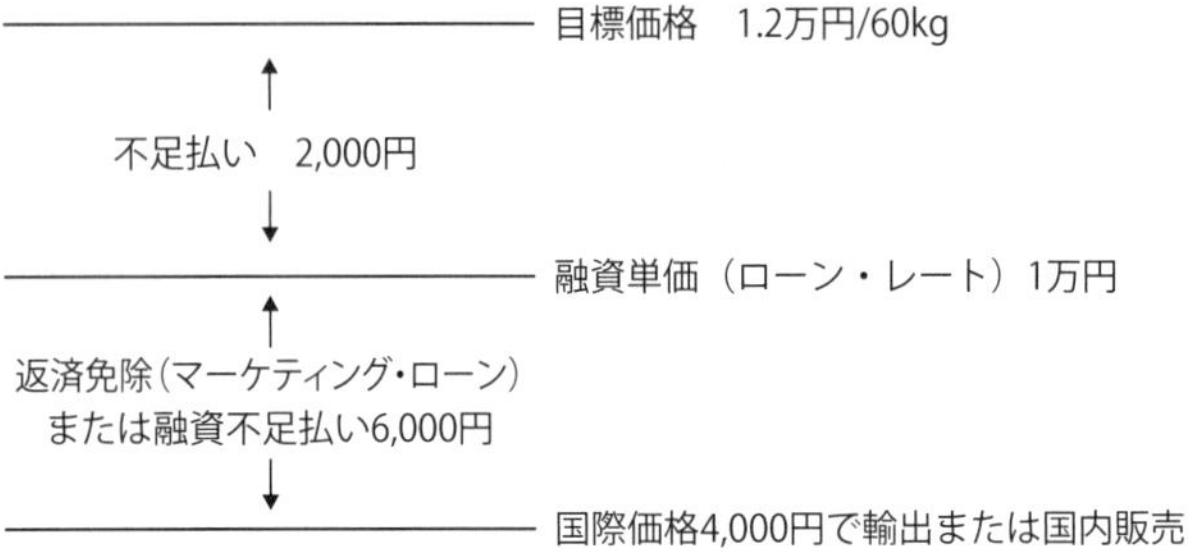

資料：鈴木宣弘・高武孝充作成。

これと、同じく、実質的な輸出補助金にあたる不足払いによる輸出穀物の差額補塡は、多い年では、コメ、トウモロコシ、小麦の3品目だけの合計で、4000億円に達している。つまり、これらを足しただけでも、多い年には、約1兆円の実質的な輸出補助金を使って「需要創出」をしているのだ。

海外向けの需要創出だけで、これだけの予算を投入しているので、日本（ほぼゼロ）とは比較にならない。

なお、日本の水田関係予算は、

①水田活用直接支払交付金（飼料用米に最大10・5円／10アールなど）：3050億円

②畑作物の直接支払交付金（ゲタ）：2163億

円
③収入減少影響緩和対策交付金（ナラシ）：645億円
④米穀周年供給・需要拡大支援事業ほか：51億円
⑤政府備蓄米の運営（20・7万トンの買い入れと同量を餌等で処理。棚上備蓄方式）：540億円、合計：6449億円

となっている。

データは、①から④は、令和2年（2020）度の農水省の当初予算、⑤は全国農協中央会試算である。

生産額はコメ・小麦・大豆で約2兆円である。約2兆円の生産額に対して、補助金は約6500億円という規模である。

アメリカのコメ、トウモロコシ、小麦の3品目の生産額は約6・4兆円（2018年、1ドル＝100円換算）、大豆を含めると10・3兆円なので、輸出振興予算がかりに1兆円だったとしても、国内対策も含めた予算規模が穀物等の生産額に対する割合として日本よりも大きいかどうかは、一概には言えない。この点には留意し

てもらいたい。

さらに、アメリカでは農家などからの拠出金（チェック・オフ）を約1000億円（酪農が45パーセント）徴収し、国内外での販売促進をおこなっているが、輸出促進部分には同額の連邦補助金が付加される。

これも「隠れた輸出補助金」で300億円近くにのぼる。しかも、この拠出金は輸入農産物にも課しており、これは「隠れた関税」なのだ。

酪農については、飲用乳価を高く支払うよう全米2600の郡（カウンティ）別に最低支払い義務を政府が課しているのも、乳製品価格を下げて輸出を促進する点で「隠れた輸出補助金」ということになる。

アメリカは、以前は、政府が加工原料乳支持価格を定め、それに対応する乳製品価格で乳製品を買い入れて、乳価を支える加工原料乳支持政策（DPSP）があった。現在は、それに代わって、生乳100ポンド（45・36キログラム）当たりのマージン（乳価マイナス餌代）が4ドルを下回ったら、政府が乳製品の買い入れを開始して、市場から隔離して食料支援・援助プログラムに使用するという仕組みができている。

政府の買い入れによる価格支持政策が、政府の買い入れによるマージン維持政策に衣替えしたことになる。

さらに、ミルク・マーケティング・オーダー（FMMO）制度の下、政府が、乳製品市況（政府買い入れによって下支えされている）から逆算した加工原料乳価を、メーカーの最低支払い義務乳価として設定し、それに全米2600の郡別に定めた「飲用プレミアム」を加算して、地域別のメーカーの最低支払い義務の飲用乳価を毎月公定している。

そして、FMMOで加工原料乳価に連動して、パラレルに決まる最低支払い義務飲用乳価の水準が低くなりすぎる場合に対処するため、2002年に飲用乳価への目標価格を別途定め、FMMOによる飲用乳価がそれを下回った場合には、政府が不足払いする制度を導入した。

2008年の農業法において、乳価を基準にして支えるだけでは、飼料価格の高騰に対処できないことが現実となったため、飼料価格の高騰への対処として、目標価格が飼料価格の高騰に連動して上昇するルールを付加した。その場かぎりの緊急措置をその都度議論するのでなく、ルール化された発動基準にしてシステマティックな仕組みにしていこうとするアメリカの姿勢は合理的である。

ただし、この制度には、生産量に「頭切り」（240万ポンド＝1089トンまでしか対象としない）がおこなわれたため、大規模経営者からの反発があった。

こうした経緯を経て、生産コストの上昇時に価格を指標にした制度では、所得を支えきれないという問題をよりシステマティックに解決するには、全体の政策体系を「販売収入マイナス生産コスト」を支える体系に組み換えるのが合理的だとの結論に至り、それが実現されたのが、2014年の農業法（2018年の農業法でさらに拡充）であった。

100ポンド当たりの生乳販売収入（乳価）と生乳100ポンドを生産するための飼料コストとの差額＝「マージン」が4ドルを下回った場合には、4ドルとの差額を基準生産量の90パーセントについて支払う政策を導入したのだ。

この制度に参加するには、1経営当たり年間100ドル（約1万円）の登録料の

表2　「酪農マージン保護計画」の掛け金の単価

（単位：ドル/100ポンド）

		変更前（2016～17年）		変更前（2018年）		変更後	
保障対象数量		400万ポンド以下	400万ポンド超	500万ポンド以下	500万ポンド超	500万ポンド以下	500万ポンド超
保障水準	＄4.00	無料	無料	無料	無料	無料	無料
	＄4.50	無料	0.020	無料	0.020	0.0025	0.0025
	＄5.00	無料	0.040	無料	0.040	0.005	0.005
	＄5.50	0.009	0.100	0.009	0.100	0.030	0.100
	＄6.00	0.016	0.155	0.016	0.155	0.050	0.310
	＄6.50	0.040	0.290	0.040	0.290	0.070	0.650
	＄7.00	0.063	0.830	0.063	0.830	0.080	1.107
	＄7.50	0.087	1.060	0.087	1.060	0.090	1.413
	＄8.00	0.142	1.360	0.142	1.360	0.100	1.813
	＄8.50					0.105	選択できない
	＄9.00					0.110	選択できない
	＄9.50					0.150	選択できない

資料：USDA
注：2018年は、単価表の境が500万ポンドに変更された。
出所：https://www.alic.go.jp/chosa-c/joho01_002377.html

支払いのみが求められる。

もし、4ドルを超えるマージンを保障してもらいたいならば、その経営者は、4・5ドルから9・5ドル（当初は8ドル）までの50セント刻みの保障レベルに応じて、追加料金（プレミアム）を支払って、保障レベルを選択できる（詳細は表2）。

これが「酪農マージン保護計画」（Margin Protection Program＝MPP、現在の名称はDairy Margin Coverage＝D

ＭＣ）である。生乳１キログラム当たり約９円、登録料１万円で、１００頭経営で約７００万円の「最低所得保障」が得られるイメージである。

アメリカの酪農政策はさらに合理的で、強力な保護政策体系に「進化」を続けている。生産コストの上昇時には、価格を指標にした制度では所得を支えきれない問題をシステマティックに解決するため、何度かの改定を経て、いまは、政策体系を「販売収入マイナス生産コスト」を支える仕組みに再編成している。

この「酪農マージン保護計画」は、日本の畜産の「マルキン（牛・豚肉の生産費から市場価格を引いた赤字の９割を農家に補償する仕組み）」に近い仕組みである。日本では、酪農には導入されていない。

「酪農版マルキン」の導入が認められない理由として、日本政府は「二重の政策はできない」と「意図的な安売りを招く」の２点を主張してきた。

しかし、日本の加工原料乳補給金に匹敵、いやそれ以上の役割を果たす政府の乳製品買い上げ＋（加工原料乳地帯からの距離に応じた）用途別乳価の最低価格支払い命令に加えて、それだけでは、飲用乳地帯の生産コストがカバーできる保証がないので、最低限の所得（乳価マイナス飼料費）を補塡する仕組みをアメリカでは補完的に組み合わせたのだ。だから、日本で、「補給金と所得補償は両立しない」という議論は成り立たない。これは「二重保護」なのではなく「補完」なのである。

酪農所得低迷の根本原因の一つは、２００１年以降、加工原料乳に生乳１キログラム当たり10円程度の固定的な補給金が支払われるのみなので、酪農家の生産コストがカバーされる保証がないことが挙げられる。

「（北海道の）加工原料乳価＋補給金＋（北海道から都府県までの）輸送費

＝（都府県の）飲用乳価」

78＋12＋20＝１１０（円）

という関係式からもわかるように、加工原料乳補給金の引き上げは、やがては、その分だけ都府県の飲用乳価も上昇させる効果がある。

たとえば、加工原料乳のみへの補給金の5円引き上げに１００億円（1円当たり20億円）を投入することで、都府県の飲用乳価も含めて、全体を5円引き上げることができるという点で、極めて財政効率的なのである。

しかし、こうして決まる乳価水準では、都府県酪農の再生産に必要な所得水準を提供できる保証はない（現に保証できていない）。だから、アメリカのマージン保護計画で補完するという方策がそのまま当てはまる。

また、モラルハザード（意図的な安売り）を招くから無理との指摘がなされてきたが、これもナンセンスである。安くなれば、コメ農家や酪農家向けの財政負担が増えても消費者の利益は拡大する。消費者利益の増大のほうが財政負担の増加より大きいので、日本社会全体では経済的利益はトータルで増加する、というのが経済学の教えるところであり、私たちの試算でもそうなる。「消費者負担型から財政負担型政策へ」と言ってきたのは政府である。

我が国では、酪農家の収入が下がり続けたら、その5年平均よりもさらに下がった分の81パーセントしか補塡されない。つまり、補塡の基準収入がどこまで下がるかわからない「底なし沼」の収入保険（コストの上昇は加味されない）が酪農にも導入された。しかし、アメリカを手本にするというなら、「岩盤」（所得の下支え）付きマージン（収入マイナスコスト）保険にしないといけないのだ。

いまこそ、日本にも加工原料乳補給金を「補完」する「酪農版マルキン」の導入が真剣に検討されるべきではないだろうか。

虚構その③　農業所得は補助金漬けか

日本の農家の所得のうち、補助金の占める割合は30パーセント程度なのに対して、英仏では農業所得に占める補助金の割合は90パーセント以上、スイスではほぼ100パーセントと、日本は先進国でもっとも低いのだ。

では、「所得のほとんどが税金でまかなわれているのが、産業といえるか」と思われるかもしれないが、命を守り、環境を守り、国土・国境を守っている産業を国民みんなで支えるのは、欧米では当たり前なのである。それが当たり前でないのが日本である。

フランスやイギリスの小麦経営は、200ヘクタールから300ヘクタールの規模が当たり前だが、そんな大規模穀物経営でも所得に占める補助金率は100パーセントを超えるのが常態化している。つまり、市場での販売収入では肥料・農薬代

表3　農業所得に占める補助金の割合（A）と農業生産額に対する農業予算比率（B）

	A			B
（単位：%）	2006年	2012年	2013年	2012年
日本	15.6	38.2	30.2（2016）	38.2
アメリカ	26.4	42.5	35.2	75.4
スイス	94.5	112.5	104.8	—
フランス	90.2	65.0	94.7	44.4
ドイツ	—	72.9	69.7	60.6
イギリス	95.2	81.9	90.5	63.2

資料：鈴木宣弘、磯田宏、飯國芳明、石井圭一による。
注：日本の漁業のAは18.4%、Bは14.9%（2015年）。
「農業粗収益－支払経費＋補助金＝所得」と定義するので、例えば、「販売100－経費110＋補助金20＝所得10」となる場合、補助金÷所得＝20÷10＝200%となる。

表4　品目別の農業所得に占める補助金比率の日仏比較（%）

	全農家平均	耕種作物	野菜	果物	酪農	肉牛	養豚	養鶏
	2006	2006	2006	2006	2006	2006	2006	2006
日本	15.6	45.1 (11.9)	7.3	5.3	32.4	16.7	10.9	22.7 (11.6)
フランス	90.2	122.3	11.6	31.5	92.3	146.1	—	—
	2014	2014	2014	2014	2014	2014	2014	2014
日本	38.6	145.6 (61.4)	15.4	7.5	31.3	47.6	11.5	15.4 (10.0)
フランス	81.7	193.6	26.1	48.1	76.4	178.5	107.6	48.5

注：1. 日本の耕種作物の（　）外の数字が水田作経営、（　）内が畑作経営の所得に占める補助金比率である。
2. 日本の養鶏農家の（　）外は採卵農家、（　）内がブロイラー農家の所得に占める補助金比率である。
資料：日本は農業経営統計調査 営農類型別経営統計（個別経営）から鈴木宣弘とJC総研客員研究員姜薈氏が計算。
フランスは、RICA 2006 SITUATION FINANCIÈRE ET DISPARITÉ DES RÉSULTATS ÉCONOMIQUES DES EXPOLOITATIONS,Les résultats économiques exploitation agricoles en 2014から鈴木宣弘作成。

も払えないので、補助金で経費の一部を払って残りが所得となっている。日本では補助金率が極めて低い野菜・果樹でも、フランスでは所得の30パーセントから50パーセント程度が補助金なのにも驚くことだろう。

収入保険は「岩盤」ではない

日本では、２０１８年からコメの直接支払交付金（戸別所得補償）が廃止される一方で、収入保険が導入された。筆者は、収入保険の導入に至るまでのセーフティネットをめぐる紆余曲折の政策議論、特に、民主党政権時に戸別所得補償制度が導入される前後の議論に中心的に関わってきた。

戦後農政の大転換と謳われた07年の品目横断的経営安定対策の導入に始まり、09年の石破農水大臣による農政改革提案、09年の民主党政権による戸別所得補償制度、13年以降の戸別所得補償の廃止と収入保険の導入への流れ、という農業経営のセーフティネットをめぐる政策形成の経緯を振り返っておく必要がある。

端的に言えば、導入された収入保険は所得の「岩盤」（所得の下支え）としてのセーフティネットではない。

5年間の平均収入（5中5）より下がった分の一部が補塡されるという仕組みでは、基準収入が減り続ける「底なし沼」になる。

傾向的に価格が下落する局面では、例えば「これから5年間の平均米価が1俵1万円になったら、1万円より下がったときの差額の81パーセントは補塡します、さらに次の5年は平均9000円になったら、9000円との差額の81パーセントは補塡しますから大丈夫」と言われれば、誰もコメをつくらなくなってしまうだろう。

つまり、導入された収入保険は、岩盤政策であった戸別所得補償の廃止に対する代替措置にはならない。09年に戸別所得補償が実現したのは、収入変動を緩和する「ナラシ」対策には岩盤がないから、所得がどこまで下がるかわからず経営計画が立てられない、という現場の切実な声を受けてのことである。

それをやめてしまって、簡単にいえば、ナラシの5中3（過去5年の最高と最低を除く3年の平均収入が基準）が5中5になっただけの収入保険を代わりに追加しても、「底なし沼」が二つ並ぶだけで岩盤は消えたまま、何も変わらないのである。

岩盤を求める現場の切実な声に基づいた政策形成の経緯は何だったのか、これで現場が納得できるのか、ということである。

例えば、コメについては米価下落傾向が懸念されてきた。我々の試算では、戸別所得補償制度を段階的に廃止し、ナラシもしくは収入保険のみを残し、生産調整を緩和していくという農政が実施された場合、２０３０年頃には、１俵で９９００円程度の米価、約６００万トンでコメの需給が均衡する。

ナラシを受けても、米価は１万２０００円程度で、15ヘクタール以上の生産コストがやっと賄える程度にしかならない。貿易自由化の影響は算入していないので、実際には、さらに深刻な米価下落が継続する可能性がある。

アメリカの仕組みを参考にしたと言うが、アメリカは、不足払い（ＰＬＣ）または収入補償（ＡＲＣ）の選択による生産費水準を補償する強固な岩盤を用意した上で、年々の収入変動をならす収入保険も入りたい人は入って下さい、と＋αで収入保険を準備している。それに対して、日本では、アメリカのようなメインの岩盤は逆に廃止し、＋αの部分のみにして、これをアメリカの仕組みに近いかのように説明するのは、極めてミスリーディングである。

アメリカで同種の経営単位の収入保険（ＷＦＲＰ）の加入農家は、１０００戸程度にとどまっているのが現状である。

政策は現場の声がつくる

民主党政権の後を受けた現自公政権では、岩盤政策として導入された戸別所得補償を廃止して、収入変動をならす「ナラシ」対策のみに戻し、それを収入保険の形にしていこうという政策の流れを打ち出した。

民主党政権時に導入されたものをすべて白紙に戻す、つまり、前の自公政権の２００７年の政策に戻すものだが、「ナラシ」だけでは所得下落の歯止めにならない、との現場の切実な声が戸別所得補償に結実したことを忘れてはならない。

岩盤の議論を振り返ると、まず、２００７年に導入されたナラシ対策に対して、①対象を一定規模以上に限定したことと、②５中３では、経営所得の補填基準が継続的な米価下落とともに下がってしまい、所得下落に歯止めがかからず経営展望が開けない、という現場の不満がたまった。

これに応えるべく、前回の自公政権においても、①「担い手」を対象とする「ナラシ」は維持し、②「ナラシ」に加えて、全販売農家に対する生産費との差額を補塡する岩盤を追加することが提案されたが、実現の前に政権が交代した。

そして、民主党への政権交代と同時に「戸別所得補償制度」によって岩盤が具体化した。ただし、それは、固定支払いと変動支払いの組み合わせで、具体的には、平均コスト1万3700円と平均販売価格1万2000円との差額（固定支払い）と基準価格（過去3年の平均販売価格）と、当該年の米価との差額（変動支払い）の組み合わせであった。つまり、米価下落が続くと、両者に「隙間」が生じるので、実は1万3700円が岩盤にはなっていなかったため、のちに基準価格の固定がおこなわれた。

その点で、注目すべきは、前回の自公政権でベストの選択肢として示された提案は、完全に生産費を補塡するもので、政権交代後の当初の戸別所得補償よりも強固なセーフティネットだったことである。

民主党政権への政権交代直前の2008年9月15日に、当時の石破農水大臣が発表した「米政策の第2次シミュレーション結果と米政策改革の方向」で、ベストの選択肢として示された案は、農家に必要な生産費をカバーできる米価水準と、市場米価の差額を全額補塡するというものである。

この案は、石破大臣が2008年に筆者の『現代の食料・農業問題――誤解から打開へ』(創森社)を基に、筆者の開発した計量モデルを農水省に持ち込んで試算作業がおこなわれたものであった。

日本の農政は世界に逆行していないか

繰り返すが、日本の農業は、世界でもっとも過保護であると日本国民に長らく広く刷り込まれてきた。だが、実態はまったくの逆であった。世界でもっともセーフティネットが欠如しているのが日本であることを述べてきた。

欧州の主要国では、農業所得の90パーセント以上が政府からの補助金で、アメリカでは農業生産額に占める農業予算の割合が75パーセントを超える。日本は両指標とも30パーセント台で、先進国で最低水準にある。しかも、欧米諸国は所得の岩盤政策を強化しているのに、我が国はそれをいっそう手薄にしようとしている。

少なくとも、①収入保険の基準収入を固定する、②戸別所得補償制度の復活、③家族労働費を含む生産費をカバーできる、米価水準と市場価格との差額の全額を補塡するようなアメリカ型の不足払いの仕組み（石破元農水大臣が提案）を導入し、農家が安心して、見通しをもって経営計画が立てられるようにすることが不可欠になっている。

欧米では、命と環境と地域と国境を守る産業を、国民全体で支えるのが当たり前なのである。農業政策は農家保護政策ではない。国民の安全保障政策なのだという認識をいまこそ確立し、「戸別所得補償」型の政策を、例えば「食料安保確立助成」のように、国民にわかりやすい名称で再構築すべきだろう。

人口が減っても輸出で稼げば農業はバラ色なのか

最近は、口を開けば、輸出、輸出と政治・行政サイドから輸出の掛け声が勇ましく聞かれる。「輸出すれば、バラ色だ」と。

　輸出は大事である。農家の皆さんも頑張っておられると思うが、いま、輸出で頑張っている農家の所得は、どれだけが輸出から上がっているか。相当に輸出を頑張っていても、せいぜい所得の数パーセントであろう。ところが、一部の政治家や官僚は「日本の人口は、数十年後には1億2000万人が5000万人に減ってしまうので、日本のなかに市場はございません。だからこれからの農業は、輸出産業として攻めていけば、バラ色の未来が開けています」といった論調である。

　どうして、これだけ短絡的に言えるのかと感心する。では、一部の政治家や経済官僚が言うように輸出を伸ばすと、農家にとってなにが良いのだろうか。実は、農家というより商社が儲かる、6次産業化の事業に力を入れるのも、農家ではなく一緒に組む企業が儲かるといったように、少し視点が違う場合もあるので、そうした点にも注意が必要である。

　そもそも、人口5000万人に合わせた社会システムの構築を急げ、などと発言する人口問題の専門家には唖然とさせられることが多い。なぜ、それを当然のごとく受け身にとらえるのか。

それでは「縮小均衡」しかなく、明るい展望は開けない。大事なことは、５０００万人にならないようにするにはどうするべきか、を考えることではないか。例えば、少し減少に傾いた出生率の「瞬間風速」を、何十年もそのまま引き延ばしたら大変な予測になってしまうが、少し上向けば、逆に、長期の人口予測は上向きに大幅に変わる。

施策次第で、将来は大きく変えられる。そのための施策を提言もせずに、日本には人間がどんどんいなくなるかのような話を前提にするのはナンセンスである。

また、日欧ＥＰＡ（経済連携協定）で、ＥＵが関税撤廃しており、加えて日本食ブームだから、その波に乗れば日本の食品輸出は伸ばせる、かのように言う人もいるが、そんな簡単にはいかないだろう。

例えば、象徴的なのは、２０１５年のミラノ万博での「かつお節事件」が思い出される。カビを付着させることで良質のかつお節がつくれるのに、カビが生えているから、がんになる可能性があるので出品できない、と持ち込みを拒否されたのである。農産物の輸出については、さまざまなことを考えなければならない。

GAP推進の意味を再検証する

さらに、GAP（Good Agricultural Practice、農業生産工程管理）の問題がある。いまや、日本では、農水省などがGAPの認証を「取らなきゃいけない」と言っているが、慎重に考えなければならない側面もある。

まず、グローバルGAP（GGAP）は、ドイツの民間の会社がつくったユーレップGAPがGGAPという名前になって、青果物については世界全体の標準GAPの一つになっている。ただし、畜産については事情が異なる。動物福祉（アニマル・ウェルフェア）の基準が高いことがGGAPの一つの特徴である。

具体的には、飼料・原料の出所がわかることと、カウハッチ（生後2、3カ月齢までの子牛を1頭ずつ収容して飼育する屋外装置の小屋）・つなぎ飼い・豚のストール（母豚を拘束する狭い檻）のような動物の行動の自由を制約する飼い方は認められない、などとなっている。現在の日本の飼養実態とはかけ離れている。

このため、日本の現状の経営スタイルでクリアすることは、とても現実的には難しく、「こうした基準は形を変えた貿易障壁ともいえるが、これが日本からの畜産物輸出の拡大の前に立ちはだかっていることを認識しないといけない」と筆者も思い込んでいた。

なぜなら、農水省などが、「日本の皆さん、これを取らないとEUに輸出できませんよ」という感じで説明しているからである。ところが、驚くべきデータが判明してきた。農水省が、EUの農家を調べたら、なんと、EUでGGAPに入っている畜産農家は0・1パーセントにも満たないというのである。

ドイツ、フランス、イギリス（BSE対応ですでに安全基準がつくられていた）では1戸も取得していない。自分のところが1戸も取得していないようなものを、「日本の農家は取らないと買ってやらない」と言うなら、とんでもない非関税障壁だと思ったら、別にEUがそういうことを言っているのではない。それはあくまで農水省などの説明だったのである。

まさか、日本の農家にGGAPでなく別のGAPに入ってもらえれば、登録料と更新料と各種補助金を得られると日本側が考えたとは思えないが……。また、GAPは「小売流通の共通仕入れ基準」となりうるが、大手小売・流通企業の「囲い込み」でもあるから、農家が買手の独占的な取引下に置かれる弊害にも留意が必要である。

結局、生産者にとっては、安全な工程管理の認識を定着させることは重要な方向性ではあるが、取得すれば消費者が高く買ってくれるとか、登録・更新料と遂行コストに見合う目に見えるメリットがあるわけではない（今後の取引で不利益をこうむらないための必要条件となってくる可能性に備えるかどうか、ということであろう）。

当初は、東京オリンピックの選手村の食材として使うには、GAP取得が不可欠として日本政府も推奨した。途中からは、取得でなくても「取得に向けて準備していれば認められる」と、なぜか「不可欠」だったはずの要件が緩められ、国費を年間6億円以上も投入して、GAP取得サポート事業を展開した。だが、東京オリンピックが終わったらすぐに忘れ去られるようであれば、何のための推進だったのかも問われることになろう。

また、日本では、GAPを環境直接支払いの補助金を受けるための要件とすることになったが、これも理論的には不整合な側面がある。

環境直接支払いの考え方は、当然のレベルとして最低限、環境にはこれだけの配慮をしているというベースがある農家に対して、もう一段の高いレベルの環境に優しい農法を実践している人には環境直接支払いを支給します、ということになる。

GAPは「農業において、食品安全、環境保全、労働安全等の持続可能性を確保するための生産工程管理の取り組み」のことである。

環境に関する要素もあるが、基本的には、安全な農業生産工程管理の遂行であり、標準的なレベルの環境への配慮を問うものではないから、土台にするには違和感がある。EUでも環境支払いの要件はGAPではなく、別途定めた満たすべき環境基準である。

食料難の記憶を忘れさせない欧米の考え方

食料・農林水産業を守る政策に大きな差が生じる背景として、欧州のほうが日本よりも農業・農村に理解やシンパシィが深いとの指摘がある。それはなぜなのか。教科書で食料・農業・農村の重要性を説明する記述の分量が大幅に違う、との指摘もあるが、具体的には十分に検証されてこなかった。

食料・農業・農村の重要性といってもいろいろとある。そのなかで、欧州と日本の教科書の決定的な違いは、「食料難の経験」の記述なのである（薄井寛氏も指摘する）。「食料安全保障の重要性は、大きな食料危機が来ないと日本人にはわからない」というのは間違いなのである。日本も戦争などで食料難を経験している。なぜ、日本人はそれを忘れ、欧州は忘れないか。それはもう一度大きな食料危機が来ていないからでなく、欧州では、食料難の経験をしっかりと歴史教科書で教えているから、認識が風化せずに人々の脳裏に連綿と刻み続けられているのである。

例えば、薄井寛『歴史教科書の日米欧比較』（筑波書房、２０１７年）「第一章　戦争と食料難――飢餓を忘れる日本、忘れないヨーロッパの歴史教科書　１　二度の大戦をつないだ飢餓への怨念」には、高校（ドイツ：筆者注）の歴史教科書『発見と理解』は次のように解説する。

「イギリスの海上封鎖によって、ドイツでは重要資源の海洋からの輸入が止まり、食料も例外ではなくなった。……キップ制度による配給が一九一五年一月から始まったが、キップはあっても買えないことがしばしば起こる。こうしたなか、それまでは家畜の餌であったカブラが、パン用粉の増量材やジャガイモのかわりとして、貴重な食料となった。多くの人びとが深刻な飢えに苦しんだ。特に、貧しい人びとや病人、高齢者などは、乏しい配給の他に食料をえることができない。このため、一九一四〜一八年、栄養失調による死亡者は七〇万人を超えた」

など、多くの紙幅を割いて紹介している。

一方、戦中・戦後の食料難が日本の高校の歴史教科書に登場するのは、1950年代初めからで、90年代なかばまでの歴史教科書は、食料難に関する記述をほぼ改訂ごとに増やしていた。だが、2014年度使用の高校の歴史教科書『日本史B』

19点を見ると、多くの教科書が「食料生産は労働力不足のためいよいよ減少し、生きるための最低の栄養も下まわるようになった」といった形の簡潔な記述で済まし、戦後の食料難を4、5行の文章で記述する教科書は7点しかない。ほかの12点は1から3行、あるいは脚注で触れているのみである。人々の窮乏を思い起こさせる写真も減少している、と薄井氏が指摘する。

戦後の日本は、ある時点から権力者に不都合な過去を消し始めた。過去の過ちを繰り返さないためには、過去を直視しなくてはならない。過ちの歴史をもみ消して明るい未来はない。

筆者の指摘に、SNSを通じて下記のコメントが寄せられた。

「農村では権力的にコメが収奪され、農家である我が家でも私の一番上の姉は、5歳で、栄養失調で亡くなりました。……4歳？　の私も弟も栄養失調でした。母が「カタツムリを採っておいで」とザルを渡してくれました。カタツムリを食べる習慣のない当時、グルメやゲテモノ食いとしてではなく、生き残るためとして母はそう言ったのです。……弟と河原で数十個採ってきました。母はそれを煮つけてくれました。全身に染み渡ってくるあの味は、今でも忘れません。１９５０年ころのことです」

こうした重い過去を若い世代に引き継ぐために、情報収集と普及活動をより大々的に強化すべきであろう。

消費者の購買力を高めるアメリカの政策

「鈴木さんの話はわかるが、低所得世帯が増えていて、高くても安全な国産がいいとわかっていても、安いほうに手が出てしまう現実をどう改善できるのか」という切実な問いを投げかけられることがある。

そこでどうするか。一つのヒントはアメリカにある。繰り返しになるが、コロナ禍で、アメリカでは政府が農産物を買い入れて、生活が苦しくなった人々や子供たちに配給して人道支援をしているのだ。

トランプ大統領（当時）が２０２０年4月17日、コロナ禍で打撃を受けた国内の農家を支援するため、「コロナウイルス支援・救済・経済安全保障法（ＣＡＲＥＳ

法）」などに基づいて、１９０億ドル規模の緊急支援策を発表した。
このうち１６０億ドルを農家への直接給付に、30億ドルを食肉・乳製品・野菜などの買い上げに充てた。補助額は、原則１農家当たり最大25万ドルとした。

アメリカ農務省は毎月、生鮮食品、乳製品、肉製品をそれぞれ約１億ドルずつ購入し、これらの調達、包装、配給では食品流通大手シスコなどと提携し、買い上げた大量の農畜産物をフードバンクや教会、支援団体に提供した。

そもそも、アメリカの農業法予算は年間１０００億ドル近いが、驚くことに予算の８割近くは「栄養（Nutrition）」、さらに、その８割は「Supplemental Nutrition Assistance Program（ＳＮＡＰ）」と呼ばれる低所得者層への補助的栄養支援プログラムに使われている。２０１５年には、アメリカ国民の約７人に１人、４５７７万人がＳＮＡＰを受給している。

ＳＮＡＰの前身は、１９３３年の農業調整法に萌芽をみたフード・スタンプ・プログラムで、１９６４年にフード・スタンプ法で恒久的な位置づけを得て、２００８年にＳＮＡＰと改称された。受給要件は、４人世帯の場合は、粗月収で約２５０

0ドル（純月収約2000ドル）を下回る場合は、最大月650ドル程度がカードで支給される。カードは、EBTカードと呼ばれ、EBTの機器を備えた小売店で食料品をカードで購入すると、買い物代金が自動的に受給者のSNAP口座から引き落とされ、小売店の口座に入金される仕組みになっている。

なぜ、消費者の食料購入支援の政策が、農業政策のなかに分類され、しかも64パーセント（0.8×0.8）も占める位置づけになっているのか。この政策の重要なポイントはそこにある。つまり、これは、アメリカにおける農業支援政策でもある。消費者の食料品の購買力を高めることによって、農産物の需要が拡大され、農家の販売価格も維持される。

アメリカは、農家への所得補塡の仕組みも充実しているが、消費者サイドへの支援策も充実しているのである。SNAP政策の限界投資効率は1・8と試算されている。すなわち、SNAPを10億ドル増やすと社会全体の純利益を18億ドルも増加させる効果がある。そのうち3億ドルが農業生産サイドへの効果と推定されている。

世界、特にアジア諸国との共生が必要不可欠

今回のコロナ禍は、世界の人種的偏見もクローズアップさせた。アジアの人々が欧米で不当な扱いを受けるケースが増えたことは残念である。逆に、アジアの人々の間に助け合い、感謝し合う連帯の感情が強まった側面もある。

この機会を、日本の思考停止的な対米従属姿勢を考え直す機会にし、アジアの人々が、そして、世界の人々が、もっとお互いを尊重し合える関係強化の機会にできればと考えている。ただし、対米従属を批判するだけでは先が見えない。それに代わるビジョン、世界の社会経済システムについての将来構想が具体的に示されなくてはならない。

筆者が参加した多くのFTA（自由貿易協定）の事前交渉でも、アメリカに対しては弱腰だが、アジア諸国に対しては上から目線の態度で臨む日本の姿勢を、アジアをリードする先進国としての自覚がない、と批判されるのを情けなく見てきた。

例えば、アメリカのグローバル企業が引き起こす健康・環境被害を規制しようと

しても、逆に損害賠償を命じられることがある。

具体的には、アメリカ企業が日本にやって来て、水銀を垂れ流すような操業を始めようとしたら、当然、日本は規制に乗り出す。ところがアメリカ企業は、その規制によって生じた損害を国際司法裁判所に訴える。このようなことが実際に起きて、アメリカ企業が勝って損害賠償をさせられ、その規制も廃止される。

このＩＳＤＳ（投資家対国家紛争解決）条項は、アメリカとそれに追従する日本の２国がＴＰＰで強く推進したが、タバコの健康被害を抑制しようとして、フィリップモリス社から訴えられたオーストラリアを筆頭に、他国は反対だった。日欧ＥＰＡでは、ＥＵはＩＳＤＳを「死んだもの」（マルムストローム欧州委員）とさえ言った。それをアジア諸国との２国間協定でも強要しているのが日本である。日本は、アメリカの言いなりになってしまった鬱憤と損失の回復を、アジア諸国にぶつける「加害者」になってしまっている。

これからは、日本とアジアのすべての国々が一緒になって、それぞれの国の間で、ＴＰＰ型の収奪的な協定ではなく、お互いに助け合って共に発展できるような互恵的で柔軟な経済連携ルールをつくるべきだ。

農業の面でいえば、アジアの国々は小規模で分散した水田農業が中心であるという共通性がある。そういう共通性の下で、多様な農業がきちんと生き残って、発展できるようなルールづくりを、私たちは具体的に提案しなくてはいけない。

多様な農業経営の共存と地域の持続的な繁栄の視点は、こうした国際的な視野から考えていく必要があるだろう。それが、最終的には、完全な貿易自由化を目指すFTAやWTOのゴールそのものを変えていく力になると考えられる。

日米安保の幻想を根拠に犠牲になってはならない

私は防衛の専門家ではないが、日本の農業政策を安全保障も含めて考えると、「日米安保の幻想」というのが浮かび上がってくる。

日本は何か独自にやろうとすると、「安保でアメリカに守ってもらっているから、アメリカには逆らえない」と思考停止になってきた。だが、本当にそうだろうか。

アメリカが沖縄をはじめ日本に基地を置いているのは、日本を守るためではなくて、有事には日本を戦場にして、そこで押しとどめて、アメリカ本土を守るためにあると私は考えている。そして、最終的に日本はその犠牲になるのだろう。

だから、「アメリカに守ってもらっている」という幻想を根拠にして、日本がアメリカの言うことを聞かなければいけないという論理は、根本的に間違っている。

近年、日本は相次ぐ台風などの自然災害で大変な被害を受けた。だが、政府はすぐに動いただろうか。そんななか、オスプレイ、F35戦闘機、イージス・アショア（撤回したが）に何兆円使っているのか。

災害があったときに、国民の生命や財産を守る、食料や電気などのエネルギーをしっかり確保する。そのために、普段から最悪の事態が起きないように生活インフラを強固にすることこそが安全保障なのではないか。食料がなくて困ったからといって、オスプレイをかじることはできない。

貿易交渉の障害は農産物ではない

ＴＰＰ交渉で、最後まで揉めたのは自動車だった。しばしば、「農業のせいでこれまでのFTAが進まなかった」と指摘されることが多い。だが、これは間違っている。筆者は、いままでさまざまな国とのFTAの事前交渉に、学者の立場で参加してきたので、その実態をよく把握している。

例えば、日韓FTAの交渉が農業分野のせいで中断していると言われてきた。これは誤解である。一番の障害は製造業における素材・部品産業である。というのは、韓国側が、日本からの輸出増大で韓国の産業界が被害を受けると、政治問題に発展するので、「日本側から技術協力をおこなうことを表明して欲しい。それを協定のなかで少しでも触れてくれれば、国内的な説明がつく」と言ってきた。だが、日本側は、「そこまでして韓国とFTAを締結するつもりは当初からない」といって拒否したのである。

にもかかわらず、報道発表になると、「また農業のせいで中断した」と官僚によって話がすり替えられて説明された。

日マレーシア、日タイFTA交渉でも、農業分野が先行的に合意し、難航したのは、鉄鋼や自動車であった。

日本は相手国への農業支援を打ち出して「自由化と協力のバランス」をとることで、コメなどの関税撤廃の難しい重要品目を例外扱いすることに納得してもらっている。最後まで難航したのは、日本側が相手国に徹底した関税撤廃を求めた自動車や鉄鋼だった。

チリとのＦＴＡ交渉では、銅板が大きな課題だった。日本の銅板の実効関税は１・８パーセントと低いが、国内の銅関連産業の付加価値率、利潤率は極めて低いから、わずかな価格低下でも産業の存続に甚大な影響があるとして、所管官庁は、関税撤廃は困難だとして守り通している。農水省には、野菜の関税は３パーセントと低いから撤廃に応じるよう促す経済官庁が、自身の所管品目になると１・８パーセントでも譲らない。

互恵的なアジア共通の農業政策がカギとなる

私たちがアメリカと対等な関係をつくるには、どうしたらいいのか。それには、アジア諸国がまとまってアジア共通の利益を主張していくための経済連携強化が不可欠である。

そのカギとなるのがアジア諸国との「共通農業政策」だろう。筆者は２００６年に九州大学でアジアの経済連携強化方策を研究していたときに、「東アジア共通農業政策」の青写真を具体的に提案した[注]。

ＥＵがまとまれた成功のカギは、「ＥＵ共通農業政策（ＣＡＰ）」（各国のＧＤＰに応じた拠出金で農業競争力の低い国の農業を支援する仕組み）だった。同じ敗戦国ドイツは二度と戦争を起こさないために責任を果たそうとした。そのときの難題が農業だったのだ。

農業は、アジアでもそうだが、各国の事情は似ているといっても、たくさんの違いがある。経済圏を統合して関税撤廃すると、農業が損失を被る国が出てくる。それをどうやって助け合えばいいのか。

ＥＵではＣＡＰが大変な役割を果たした。それは、それぞれの国のＧＤＰに応じて拠出した予算で、困っている国に対してしっかりと補填するというシステムである。そのときの最大の財源を拠出したのはドイツであった。ドイツやフランスなどのおカネがイタリアやスペインを助けるというシステムをつくり上げた。これがＣＡＰだ。

欧州が一つにまとまって、二度と戦争をせずに、一致して欧州の利益を追求していけるようにするには、各国間の生産性格差の大きい農業を統一市場に統合できるかどうかが難題だった。それをＣＡＰが可能にしたのである。

だから、各国の多様な農業をしっかりと守るという意味でドイツが果たした役割は大きいし、それをアジアで日本が提案するべきではないか。ＥＵの経験からも学び、アジアにおける共通農業政策の青写真を基に議論できる場をつくっていかなければと思っている。

それによって、ＥＵのような統合経済圏をアジアにもつくることができれば、アジア共通の利益をアメリカや世界に対して主張しやすくなるだろう。

注：鈴木宣弘「東アジア共通農業政策構築の可能性――自給率・関税率・財政負担・環境負荷」『農林業問題研究』１６１、２００６年

アジア全体での食料安全保障を

もう一つはアジア全体での食料安全保障システムの構築である。コロナ禍で輸出規制の懸念が高まっている。

2008年に世界的な穀物の価格高騰と不足で、貧しい途上国で暴動が発生するまでに至った。この事態を受け、同年の洞爺湖サミットにおいて、途上国の穀物増産への支援、穀物の国際備蓄体制の整備が提唱された。

2008年に穀物価格が高騰したとき、日本はフィリピンに30万トンのミニマム・アクセス米の放出を表明した。その結果(実際にはおこなわれなかったが)、2008年4月に1トン当たり1000ドルを超えた米価が、800ドルまで急速に下がった効果をもたらした。

輸出規制が国際コメ市場に与える影響は大きい。それに対して、備蓄放出が価格を下げることに大きな効果があることは、すでに筆者の2001年の試算でも検証されている。

この検証は、我が国のWTOへの提案として出された国際穀物備蓄構想の具体化としてスタートした、東アジアコメ備蓄システムの構築事業の開始のための試算であった。食料価格の高騰により、この提案の意義が再確認されたのである。

そのような背景の下、国際備蓄の枠組みとして具体化されたのが、「アセアン＋3緊急米備蓄（APTERR）」である。APTERRは、東アジア地域（アセアン10カ国、日本、中国、韓国）における食料安全保障の強化と貧困の撲滅を目的として、大規模災害時などの緊急事態に備えるためのコメの備蓄制度である。

2002年10月のASEAN＋3の農林大臣会合における決定を受けて、2004年4月から試験事業が開始された。その後、この試験事業を恒久的なスキームであるAPTERRに移行させるための協定交渉が開始され、2010年2月に試験事業を終了し、10月にインドネシア・ジャカルタにおいて開催されたASEAN＋3の農林大臣会合において、「APTERR協定」の採択、署名がおこなわれ、2012年7月に協定は発効された。

APTERRは、現物（現金）備蓄と申告備蓄から構成され、APTERR協定の加盟国は、各国が通常保有する在庫のうち、緊急時に放出可能な数量を一定量申告（イヤマーク）する。そして、現物備蓄（現金備蓄）は緊急時の初期対応として放出する。備蓄期間の経過後は、貧困緩和事業に活用する。より迅速に対応するため現金備蓄による放出も活用する、というものだ。

これまで日本は、現物（現金）備蓄の枠組みによりASEAN6カ国（フィリピン、ラオス、インドネシア、タイ、ミャンマー及びカンボジア）に対し、約3000トン（約200万ドル）の緊急支援を実施している。また、各国のイヤマーク数量は日本が25万トン、中国が30万トン、韓国が5万トン、アセアン諸国が8・7万トンである。

このようなスキームは、輸出規制が生じた場合のコメの価格高騰とコメ不足を抑制するだけでなく、輸出規制そのものを生じにくくさせる効果が期待される。

各国が基礎食料の自給率を高める努力を強化するのと同時に、このようなアジア全体での食料安全保障を備蓄運営によって補完する仕組みの拡充・強化が、一つの方向性として注目されるべきと思われる。

終章　日本の未来は守れるか

日本を守る食と農林漁業の未来を築くには

真に強い農業とはなにか。果たして、規模を拡大してコストダウンをすれば、真に強い農業になるのだろうか。

規模の拡大を図り、コストダウンに努めることは重要だが、それだけでは、国土が狭く、耕地も少ない日本の小規模農業では、オーストラリアやアメリカの大規模農業に太刀打ちできない。同じ土俵では勝負にならないのだ。

では、どうすればいいのか。少々高いけれども、とても品質がいいので、あなたのつくる農作物しか食べたくない、という人々をつくることが大切になる。だからこそ生産者とそれを理解する消費者との絆、ネットワークこそが真に強い農業につながっていくのだと思う。

結局、消費者が安さだけを求めて、海外から安いものが入ればいい、という考えでは成り立っていかない。時給が1000円にも満たないような「しわ寄せ」を農家に押しつけ続け、国内生産が縮小していくことは、ごく一部の企業が儲かる農業を実現したとしても、国民全体の命や健康、そして環境へのリスクは増大してしまうだろう。自分の生活を守るために、国家安全保障も含めた多面的な価値を付加した価格が、正当な価格であると消費者が考えるかどうかである。

スイスの国産卵は1個60円から80円もする。だが、輸入品の何倍したとしても、国産の卵のほうがはるかに売れている。筆者も現地で見てきた。

それを裏づけるような、象徴的なエピソードを聞いたことがある。スイスのとある街で、小学生くらいにしか見えない女の子が1個80円もする卵を買っていたので、その理由を聞いたところ（元NHKの記者で、世界の農業問題を長年取材してきた倉石久壽氏）、その子は「これを買うことで生産者の皆さんの生活も支えられ、そのおかげで私たちの生活も成り立つのだから、高くても当たり前でしょう」と、いとも簡単に答えたのだという。

スイスで国産品が売れるキーワードは、ナチュラル、オーガニック、アニマル・ウェルフェア（動物福祉）、バイオダイバーシティ（生物多様性）、そして美しい景観である。これらに配慮して生産すれば、できたものも安全で美味しいのは間違いない。それらはつながっている。それは高いのでなく、そこに込められた価値を皆で支えているのである。

具体的には、スイスでは、消費者サイドが食品流通の5割以上のシェアを持つ生協に結集して、農協なども通じて生産者サイドに働きかけ、消費者が求める品質や栽培方法などの基準を設定・認証して、農産物に込められた多様な価値を価格に反映して消費者が支えていく、という強固なネットワークが形成されている。

そして、価格に反映しきれない部分は、全体で集めた税金から対価を補塡する。これは保護ではなく、さまざまな安全保障を担っていることへの正当な対価である。それが農業政策である。

農家にも、最大限の努力はしてもらうのは当然だが、それを正当な価格形成と追加的な補塡（直接支払い）で、つくる人、加工する人、流通する人、消費する人、すべてが持続できる社会システムを構築する必要があるのだ。

イタリアの水田の話が象徴的である。水田のオタマジャクシが棲める生物多様性、ダムの代わりに貯水できる洪水防止機能、水を濾過してくれる機能、こうした機能に国民はお世話になっている。

だが、それをコメの値段に反映しているか。十分反映できていないのなら、ただ乗りしてはいけない。イタリアでは、自分たちがおカネを集めて別途払おうじゃないか、という感覚が税金からの直接支払いの根拠になっているという。

その根拠をしっかりと積み上げ、予算化し、国民の理解を得る。

筆者らが２００８年に訪問したスイスの農家では、豚の食事場所と寝床を区分し、外にも自由に出て行けるように飼っていた。そのコストは年２３０万円かかる。草刈りをし、木を切り、雑木林化を防ぐことで、草地の生物種を20種類から70種類に増加させることができた。それに対して年１７０万円のコストが見込まれる。そういった考え方の基で、財政からの直接支払いがおこなわれていた。

個別かつ具体的に、農業の果たす多面的な役割・機能の項目ごとに、支払われる額が決められているから、消費者も応分の対価の支払いに納得でき、直接支払いもバラマキとは言われない。農家もしっかりとそれを認識し、誇りをもって生産に臨める。このようなシステムは日本にない。

さらに、アメリカでは、農家にとって必要最低限の所得・価格が必ず確保されるように、その水準を明示して、下回ったら政策を発動するから安心してつくって下さい、というシステムを完備していることは、これまでにも述べてきた。

さらに、もう一つのポイントは消費者支援策である。先述の通り、消費者が食料を購入する支援策が、農業政策のなかに分類され、しかも64パーセントも占める位置づけになっている。

これが食料を守るということだ。農業政策を意図的に農家保護政策に矮小化して批判するのは間違っている。農業政策は国民の命を守る真の安全保障政策である。こうした本質的な議論なくして食と農と地域の持続的な発展はない。

カナダ政府が30年も前からよく主張している理屈で、なるほどと思ったことがある。それは、農家への直接支払いというのは生産者のための補助金ではなく、消費者のための補助金なのだというのだ。なぜか。

農産物が製造業のようにコスト見合いで価格を決めると、人の命にかかわる必需財を、高くて買えない人が出てくる。それを避けなくてはならないからである。それなりに安く提供してもらうために補助金が必要になるのだ。これは消費者を助けるための補助金を生産者に払っているわけだから、消費者はちゃんと理解して払わなければいけないのだという論理である。

この点からも、生産サイドと消費サイドが支え合っている構図が見えてくる。

自由化は農家でなく国民の命と健康の問題

農産物の貿易自由化は農家が困るだけで、消費者にはメリットだ、と考える人がいる。だが、これは大きな間違いである。

何度も繰り返すが、安全・安心な国産の食料がいつでも手に入らなくなることの危険を考えたら、貿易自由化は、農家の問題ではなく、国民の命と健康の問題なのである。つまり、輸入農産物が「安い、安い」と言っているうちに、エストロゲンなどの成長ホルモン、成長促進剤のラクトパミン、遺伝子組み換え（GM）、除草剤の残留、イマザリルなどの防カビ剤と、リスク満載のものが大量に日本に入ってくることになるのだ。これを食べ続けて病気になる確率が上昇するなら、明らかに安いのではなく、こんなにも高くつくものはない。

日本で、安心・安全な農産物を供給してくれる生産者をみんなで支えることが、実は、長期的にはもっとも安いのである。

私は、福岡県の郊外のとある駅前のフランス料理店で食事をしたことがあった。そのときの、そのお店のフランス人の奥様の話が心に残っている。

「私たちは、お客さんの健康に責任があるから、顔の見える関係の地元で、旬にとれた食材だけを大切に料理して提供している。そうすれば、安全で美味しいものが間違いなくお出しできる。輸入物は安いけれど不安だ」と。

牛丼、豚丼、チーズが安くなって良かったと言っているうちに、気がついたら乳がん、前立腺がんのリスクが何倍にも増えていて、しかも、国産の安全・安心な食料を食べたいと気づいたときに、食料自給率が1割になっていたら、もう選ぶことさえできないだろう。

カロリーベースと生産額ベースの自給率議論

コロナ禍は、カロリーベースと生産額ベースの自給率の重要性の議論にも、「決着」をつけたように筆者には思われる。一部には、「カロリーベースの自給率を重視するのは間違いだ」と指摘する声もあるが、生産額ベースとカロリーベース、それぞれのメッセージがある。

生産額ベースの自給率が比較的高いことは、日本の農業が価格（付加価値）の高い品目の生産に努力している指標として意味がある。しかし、「輸入がストップするような不測の事態に、国民に必要なカロリーをどれだけ国産で確保できるか」ということが、自給率を考える上で最重要な視点と捉えると、重視されるべきはカロリーベースの自給率なのである。

だから、我が国のカロリーベースの自給率に代わる指標として、畜産の飼料も含めた穀物自給率が重要な指標になってくる。海外では、面倒なカロリーベースを計算するよりも、穀物自給率を不測の事態に、必要なカロリーが確保できる程度を示す指標として活用している。

日本では、輸出型の高収益作物に特化したオランダ方式が日本のモデルだ、ともてはやす人たちがいる。だが、本当にそうだろうか。

一つの視点は、オランダ方式はEUのなかでも特殊だという事実である。「EUのなかで、不足分を調達できるから、このような形態が可能だ」との指摘もあるが、それなら、ほかにも、もっと穀物自給率の低い国があってもおかしくない。実は、EU各国は、EUがあっても不安なので、1国での食料自給率に力を入れている。むしろ、オランダが「いびつ」なのである。

つまり、園芸作物などに特化して儲ければよい、というオランダ型農業の最大の欠点は、園芸作物だけでは、不測の事態に国民にカロリーを供給できない点にある。日本でも、高収益作物に特化した農業を目指すべきとして、サクランボを事例に持ち出す人がいる。だが、もちろん、サクランボも大事なのだが、私たちは「サクランボだけを食べて生きてはいけない」のであって、畜産のベースとなる飼料も含めた基礎食料の確保が不可欠なのである。

私たちの命と暮らしを守るネットワークづくり

国の政策を改善する努力は不可欠だが、それ以上に重要なことは、私たちの力で私たちの命と暮らしを守る強固なネットワークをつくることである。

農家は、協同組合や共助組織に結集し、市民運動と連携して、自分たちこそが国民の命を守ってきたし、これからも守るとの自覚と誇りと覚悟を持つことが大切である。そのことをもっと明確に伝え、消費者との双方向ネットワークを強化して、安くても不安な食料の侵入を排除し、自身の経営と地域の暮らしと国民の命を守らねばならない。消費者は、それに応える義務がある。それこそが強い農林水産業である。

世界でもっとも有機農業が盛んな、オーストリアのCSA（産消提携）研究の権威であるペンカー教授の、「生産者と消費者は同じ意思決定主体ゆえ、分けて考える必要はない」という言葉には重みがある。

農協と生協の協業化や合併も選択肢になりうる。究極的には、農協が正・准組合員の区別を超えて、実態的に、地域を支える人々の協同組合に近づいていくことが、一つの方向性として考えられるだろう。

国産牛乳の供給が滞りかねない危機に直面して、日本の乳業メーカーが動き出している。一般社団法人Jミルク（酪農・乳業関係の業界団体。旧日本酪農乳業協会）を通じて、各社が共同出資して、産業全体の長期的な持続のために個別の利益を排除し、酪農の生産基盤を確保するための支援事業を開始した。

2020年に、国として定める新しい生乳生産目標の設定にあたり、乳業界から800万トンという意欲的な数字を提示し、「800万トンを必ず買い取る」と力強く宣言した。さらに、どうやって具体的に800万トンに近づけていくかの行動計画も提言、「力強く成長し信頼される持続可能な産業を目指して」（https://www.j-milk.jp/news/teigen2020.html）で示している。本来、国が提示すべきことを自分たちでやっていこうという強い意思が感じられる。酪農家とともに、頑張る覚悟を乳業界が明確にしていることは励みになる。

農協組織も、系統の独自資金による農業経営のセーフティネット政策を国に代わって、本格的に導入すべきである。

先日、農機メーカーの若い営業マンの皆さんが「自分たちの日々の営みが、日本の農業を支え国民の命を守っていることが共感できた」と、講演後に筆者の周りに集まってくれた。本来、生産者と関連産業と消費者は「運命共同体」である。

いま、頑張っている日本の農林漁家は、国民の食を守って奮闘してきた「精鋭部隊」として、ここで負けるわけにはいかないし、負けることはない。

人に優しく、環境に優しく、生き物に優しい経営の価値を消費者が共感し、そこから生み出される生産物に高い値段を払う、消費者との強い絆が形成される結果として、規模が小さくても高収益を実現できるのだろう。

兼業農家の果たす役割にも注目すべきである。兼業農家の現在の主たる担い手が高齢化していても、兼業に出ていた次の世代の方が定年帰農する。そして、また、その次の世代が主として農外の仕事に就いて……、という循環で、若手ではなくとも稲作の担い手が確保されるなら、「家」総体としては合理的・安定的で、一種の

「強い」ビジネスモデルでもある。こうした循環を「定年帰農奨励金」でサポートすることも検討されてよい。

「大規模化して、企業がやれば、強い農業になる」という議論には、そこに人々が住んでいて、暮らしがあり、生業があり、コミュニティがあるという視点が欠落している。

そもそも、個別経営も集落営農型システムも、自己の目先の利益だけを考えているものは成功していない。成功している方は、地域全体の将来と、そこに暮らすみんなの発展を考えて経営している。だからこそ、信頼が生まれて農地が集まり、地域の人々が役割分担して、水管理や畦の草刈りなども可能となるのである。

農業が、地域コミュニティの基盤を形成していることや、食料が身近で手に入るという価値を共有した地域住民と農家が支え合うことで、私たちの食の未来を切り開こうとする自発的な地域プロジェクトが芽生えつつある。「身近に農があることは、どんな保険にも勝る安心」（結城登美雄氏）なのである。

地域の農地が荒れ、美しい農村景観が失われれば、観光産業も成り立たなくなる。

商店街も寂れ、地域全体が衰退していく。これを食い止めるために、地域の旅館等が中心になり、コメ1俵1万8000円は確保できるように農家から購入し、おにぎりをつくったり、加工したり、工夫したりして販路を開拓している地域もある。環境に優しい農法のコメ1俵を、2万円以上で買い取っている生協も生まれている。

協同組合・共助組織の真の使命とは

流通・小売業界の取引交渉力が強くなることによって、中間のマージンが大きくなりすぎていることが問題となっている。だが、農協・漁協の共販によって流通業者の市場支配力が抑制されれば、あるいは、既存の流通が生協による共同購入に取って代わることによって、流通・小売のマージンが縮小できれば、農家はいまより農産物を高く売ることができ、消費者はいまより安く買うことができるようになる。流通・小売業界に偏ったパワー・バランスを是正し、利益の分配を適正化して、生産者・消費者双方の利益を守る役割こそが協同組合の使命である。

不当なマージンの源泉のもう一つが労働の買い叩きである。「人手不足」という

図1　流通業者の買い叩きと高値販売の農協共販による改善

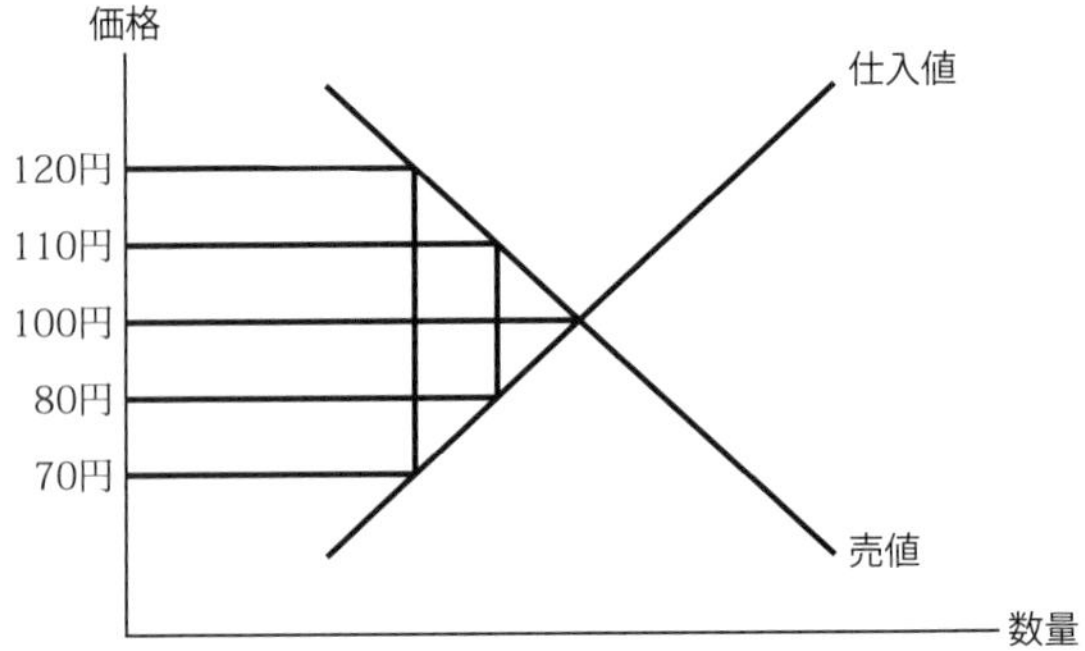

資料：筆者作成。

が実態は「賃金不足」だと述べてきた。さらに先進国で唯一、農業従事者だけでなく、日本の労働者の実質賃金は下がり続けている。労組は踏ん張らねばならない。

　単純化した具体例を示すと、例えば、（想定上の）完全競争の市場なら流通業者はコメ１キログラムを１００円で買って１００円で売る（流通業者の費用を除く）が、市場支配力のある流通業者は、70円で買い叩いて１２０円で売るという商売をする。

　いま、農協の存在によって、流通業者の市場支配力がある程度相殺されると、現実の流通業者は80円で買って１１０円で売ることになる。あるいは、生協が既存の流通業者に取って代わ

図2　農協の交渉力とPR（小売価格）、PW（産地価格）、社会的利益の関係

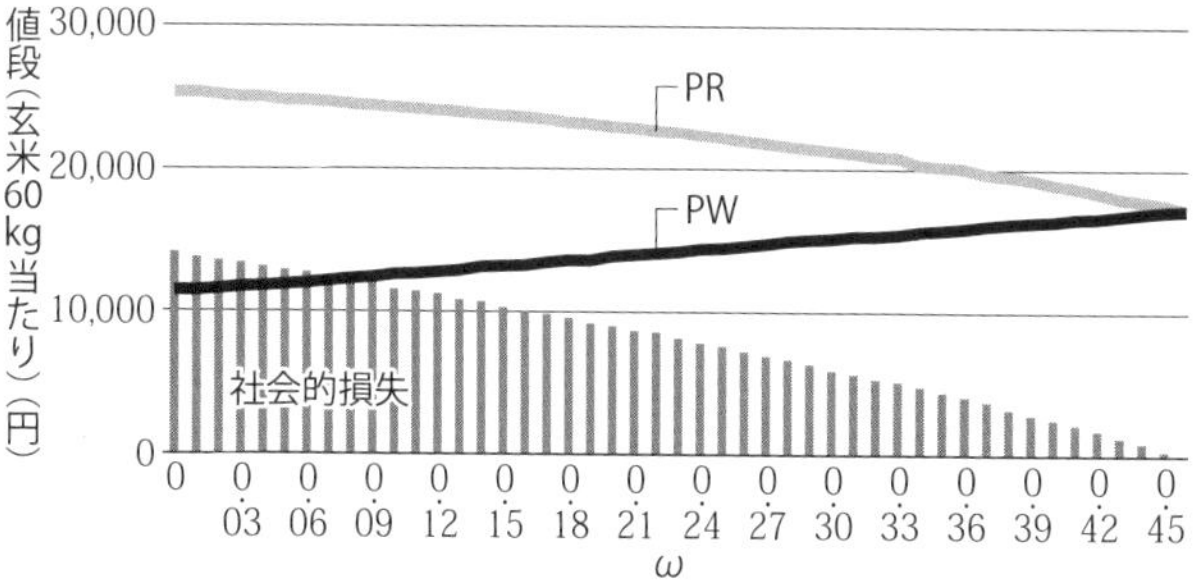

資料：大林有紀子さんの卒論研究。

ることによって、生協が80円で買って１１０円で売ることができるとする。

つまり、農協共販や生協の共同購入によって、農家はいまより10円も高く売れ、消費者はいまより10円も安く買うことができるのである。こうして、農協共販や生協の共同購入によって、生産者も消費者も利益が増え、社会全体の利益も増えるのだ（共販・共同購入に伴うコストが増加利益を下回るかぎり）。

同じ効果は、「公」（政府の政策）が機能して、流通・小売の市場支配力を抑制する適切な政策が実施された場合にも可能となる（行政コストが増加利益を下回るかぎり）。

ここで具体例を示そう。

農協と小売との取引交渉力バランスを示す係数（ωは0から1の値をとり、1のとき産地が完全優位、0のとき小売が完全優位）を導入したモデルによると、図2のように、右方向にωの値が大きくなり農協共販が強化されると、生産者米価は上昇し、消費者価格は下落する。社会全体の損失を軽減できることがわかる。

このように「公」（政府）を取り込んだ「私」（私的な目先の金銭的利益追求）の暴走を抑制する拮抗力として、社会に適切な富の分配と持続的な資源・環境の管理を実現するのが、「共」（共助組織）の役割である。共同体的な自主的ルールは、利益の適正な分配に加え、資源、環境、安全性、コミュニティなどの持続を低コストで達成できることが、ノーベル経済学賞を受賞したアメリカのオストロム教授の論文で示されている。

つまり重要なのは、農地や山や海はコモンズ（共用資源）であり、「コモンズの悲劇」（個々が目先の自己利益の最大化を目指して行動すると、資源が枯渇して共倒れする）が示すとおり、コモンズは自発的な共同管理で「悲劇」を回避してきたということだ。だから、農林水産業において協同組合による共同管理を否定するのは根本的な間違いなのである。

「私」の暴走にとって障害となる「共」を弱体化しようとする動きに負けず、共助組織の役割をもっと強化しなくてはならない。

協同組合は、生産者にも消費者にも貢献し、流通・小売には適正なマージンを確保し、社会全体がバランスの取れた形で持続できるようにする役割を果たしている。そして、命、資源、環境、安全性、コミュニティなどを守るもっとも有効なシステムとして社会に不可欠であることを、国民にしっかり理解してもらうために、実際にその役割を全うすべく、邁進すべきである。

市場原理主義による、小農・家族農家を基礎にした地域社会と資源・環境の破壊を食い止めなければならない。地域の食と暮らしを守る「最後の砦」は共助組織、市民組織、協同組合なのである。

集落営農の基幹的な働き手さえも高齢化で、5年から10年後の存続が危ぶまれるような地域が増えている。そのようななかで、覚悟をもって自らが地域の農業にも参画し、地域住民の生活を支える事業も強化していかないと、地域社会を維持することはいよいよ難しくなる。

協同組合、市民組織や自治体の政治・行政には大きな責任と期待がかかっている。忘れてならないのは、目先の組織防衛は、現場の信頼を失い、かえって組織の存続を危うくするということである。

組織のリーダーは、「我が身を犠牲にしても現場を守る」覚悟こそが、現場を守り、組織を守り、自身も守ることになる。それが、自身の生きた証を刻むということに気づくときである。国民、住民、農林漁家を犠牲にして我が身を守る者がリーダーであってはならない。

真意が問われる「復活の基本計画」

いま、2020年の「食料・農業・農村基本計画」と2021年の「みどりの食料システム戦略」（ともに農水省）が注目されている。

まず、「食料・農業・農村基本計画」についてみていこう（図3）。2015年の計画と2020年の計画を見比べると、2015年計画は図の左側の「担い手」だ

図3　2015年と2020年の農業基本計画

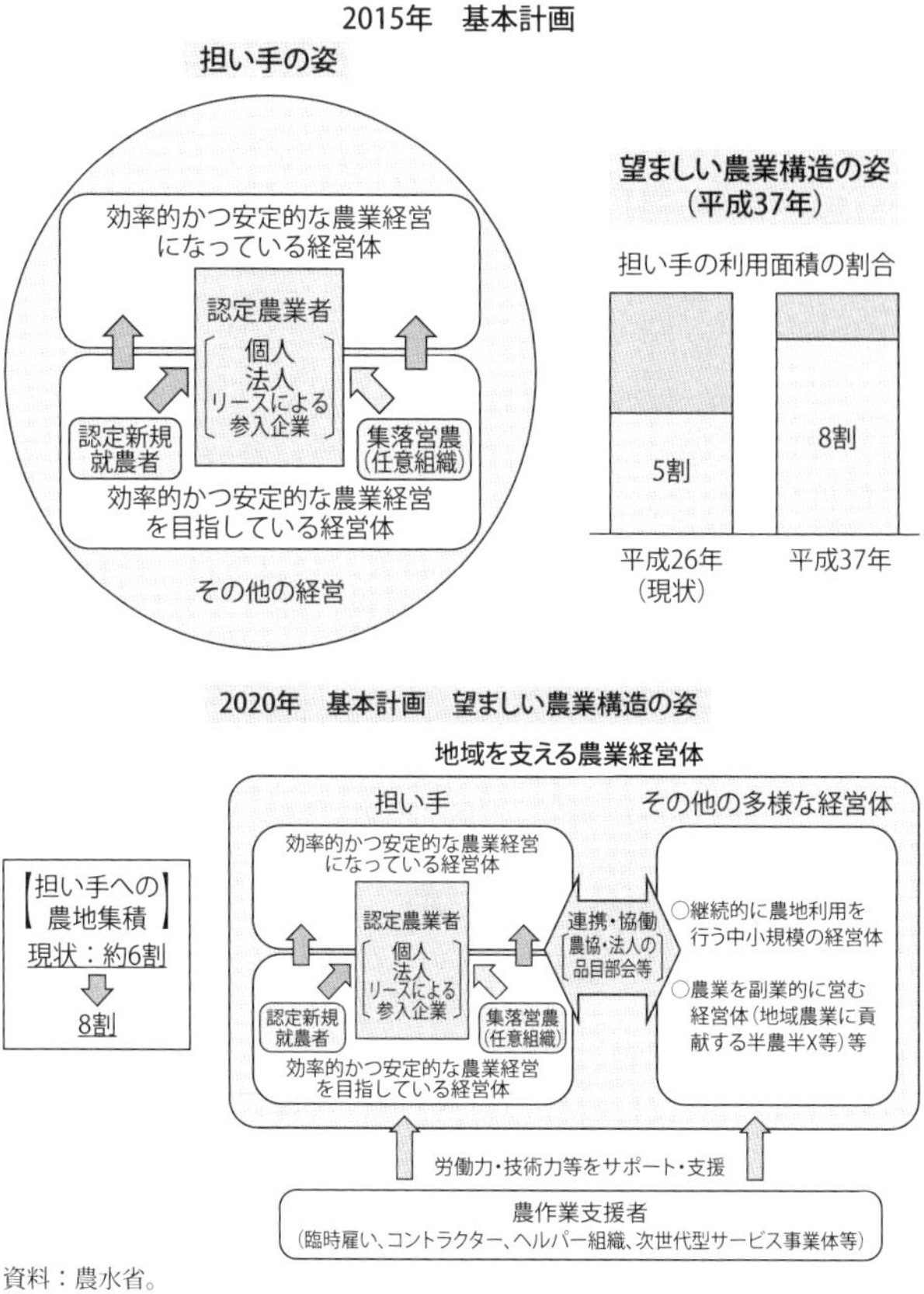

資料：農水省。

けだったが、2020年計画には、農水省の一部部局の反対を抑えて「その他の多様な経営体」が右に加えられ、これらを一体として捉えていることが読み取れる。あくまでも「担い手」を中心としつつも、規模の大小を問わず、「半農半X」（半自給的な農業とやりたい仕事を両立させる生き方）なども含む多様な農業経営体を、地域を支える重要な経営体として一体的に捉える姿勢が復活した。

このように、2015年の計画では、狭い意味での経済効率の追求に傾斜した大規模・企業化路線の推進が全体を覆うものとなったが、2020年の計画は、長期的・総合的な視点から、多様な農業経営の重要性をしっかりと位置づけて、2010年計画のよかった点を復活させ、バランスを回復した感がある。「官邸農政」が基本的に続くなかで、省内の「抵抗勢力」を抑えて、バランスのとれた基本計画がある程度復活したことは、よい意味で驚きであった。

しかし、見極めはこれからである。基本計画が「絵に描いた餅」では何の意味もない。基本計画の精神が、実際の政策に具体的に結実するかどうかである。

すでに、これまで現場で頑張ってきた農林漁家を非効率なものとして、強引に特定企業にビジネスを乗っ取らせることを促進するような法律ができてしまっている。

これをまっとうな方向に引き戻せるのか、「復活の基本計画」の真価が問われている。

「半農半X」の人たちなどとの連携については、全青協元会長の飯野芳彦氏の次の発言が示唆的であろう。

「兼業農家がコンバインから何から揃えるのではなくて、例えば、収穫時期なんかだったら、仮に半農半Xで平日はほかの働きをしているとすれば、土日は、オペレーターとして、コンバインを動かせばいいのです。

大規模の経営体は、助かるのです。そのオペレーターがついでに自分とこの田んぼも刈っちゃうみたいな。そうすると、オペとしての収入もあるし、自分の田んぼも維持できるし、コンバイン等を持つリスクもない。いま、課題なのが、だんだんみんな歳をとってきちゃって、大きなコンバインを買ったはいいが、そのコンバインで搬出して、トラックでカントリーまで運ぶ人員がいない。

だから、せっかく早刈りのコンバインを買ったのに、眠っているみたいな状況になっちゃう。

だったら、トラックの運転手を土日やってもらうだけでも、これは地域のためにもなるし、自分ちの2、3町のところもそのオペをやりながら刈るとかでも、あり方としては、僕はいいと思うのですよ。水の管理とあぜの管理と水路のドブさらいをしてもらうだけでも、助かりますから。そのような真ん中の担い手を何か育てられないかなと思っているのですよね」

欧米で進む農業のグリーン化戦略を受けて

農薬使用量の半減や有機農業の面積を25パーセントに拡大することを目標とする、EUの「ファームtoフォーク」（農場から食卓まで）戦略、カーボンフットプリント（生産・流通・消費工程における二酸化炭素排出量）の大幅削減などを目標とするアメリカの「農業イノベーションアジェンダ」が、2020年に次々と公表された。

それを受けて、日本でもアジアモンスーン地域における農業のグリーン化（環境負荷軽減）モデルを策定して、世界の食料・農業グリーン化のルールづくりにも積極的に参画するために、「みどりの食料システム戦略」の策定が進められている。

まず、ＥＵの「ファームtoフォーク」戦略から具体的に見ていこう。ＥＵ（欧州）委員会は、２０２０年5月にこの戦略を公表し、ＥＵの持続可能な食料システムへの包括的なアプローチを示した。

今後、二国間貿易協定にサステナブル（環境に優しい生産方法による産品しか貿易対象と認定しない）条項を入れるなど、国際交渉を通じてＥＵフードシステムをグローバル・スタンダードとすることを目指している。

次の数値目標（目標年：２０３０年）を設定している。

・農薬の使用及びリスクの50パーセント削減
・一人当たり食品廃棄物を50パーセント削減
・化学肥料の使用を少なくとも20パーセント削減
・家畜及び養殖に使用される抗菌剤販売の50パーセント削減
・有機農業に利用される農地を少なくとも25パーセントに拡大

次にアメリカ農務省が２０２０年2月発表した「農業イノベーションアジェン

ダ」についてである。

２０５０年までの農業生産量の40パーセント増加と環境フットプリント（人間の活動が環境に与える負荷を、資源の再生産および廃棄物の浄化に必要な面積として示した数値）の50パーセント削減の同時達成を目標に掲げている。さらに技術開発を主軸に次の目標を設定した。

・２０３０年までに食品ロスと食品廃棄物を50パーセント削減
・２０５０年までに土壌健全性と農業における炭素貯留を強化し、農業部門の現在のカーボンフットプリントを純減
・２０５０年までに水への栄養流出を30パーセント削減

このような世界の動きに、大きく水をあけられた感のある日本だったが、２０２１年に驚くべき展開が始まった。

２０５０年と、目標年次はＥＵの２０３０年より大幅にずらしたが、有機栽培面積を25パーセント（１００万ヘクタール）に拡大、化学農薬５割減、化学肥料３割

減というEUとほぼ同じ画期的な目標値を、農水省が「みどりの食料システム戦略」として打ち出したのである。

農水省には、有機農業を異端児的に無視してきた時代が長くあり、近年、変化が生じてはいたが、いっそうの抜本的な意識改革が必要になってきていた。農薬企業や農協も、世界の潮流に対応して代替農薬などにシフトしないと、長期的にはビジネスもできなくなるという意識改革が必要だった。生産サイドも、有機需要の拡大に対応できなければ、「海外産有機大豆の有機豆腐」などに市場を奪われ、輸出を伸ばすどころではない。

長期の目標なので、総論賛成はできた側面もあるが、農水省内の異論も克服され、農水省、農薬企業、農協が長期的な方向性について世界潮流への対応（代替農薬、代替肥料へのシフト）の必要性の認識を共有し、大きな目標に向けて取り組むことに合意できた意義は大きい。化学肥料原料のリン酸、カリウムが100パーセント輸入依存であることも肥料の有機化の必要性を認識させることになった。

高い目標値が設定できたのは、日本の有機農業運動、消費者・市民運動の成果ともいえよう。日本の有機食品への支出額が、将来的にはスイス並みまで増えると想定すれば、１００万ヘクタールはそれほど非現実的な数字ではないようだ。しかし、消費者の意識改革がさらに加速しなければ、この目標は到底達成できない。

しかし、大きな懸念もある。有機農業の中身が違うものになってしまわないかということである。実は、代替農薬の主役は害虫の遺伝子の働きを止めてしまうＲＮＡ農薬というもので、化学農薬に代わる次世代農薬として、すでにバイオ企業で開発が進んでいる（印鑰智哉氏）。化学農薬でないからといって、遺伝子操作の一種であるＲＮＡ農薬が有機栽培に認められることになったら、自然の摂理に従う有機栽培の本質が損なわれる。

さらには、有機栽培面積の目標を１００万ヘクタールと掲げる一方、予期せぬ遺伝子損傷などで世界的に懸念が高まっているゲノム編集について、無批判的に推進の方向を打ち出している点は大きく矛盾する。

すでに、ゲノム編集トマトを家庭菜園向けに無償配布して後代交配で広げてしまおうという、アメリカでもそこまでは許していない策略を進め、日本人がゲノム編集食品の実験台にされつつある。そのうち、ゲノム編集も有機栽培に認めるつもりなのだろうかと疑われてしまう。

加えて、イノベーション、AI、スマート技術などの用語が並ぶ、「高齢化で人手不足だから、AIで解決する」といった方向性には、「多様な農家が共存してコミュニティが持続できる姿」が見えてこないように、一見すると見受けられる。

これは、中小経営や半農半Xも含む多様な経営体が、地域農業とコミュニティを支えることを再確認した、新たな食料・農業・農村基本計画と相反するように思われる。

だが、「みどりの食料システム戦略」の策定は、新基本計画に多様な経営体の重要性を復活させた人々によっておこなわれており、「大規模化のための技術でなく、篤農家でなくても誰でも農業ができる技術を普及することで、農業や有機農業のすそ野を広げ、農村に人を呼び込めるようにしたい」という意図が示されている。有機稲作での「抑草法」（二度代掻き、成苗1本植えなど、雑草の生理を科学的に把握したうえでの農法）など、すでにある優れた有機農業技術の普及の重要性（久保田裕子氏）も認識されている。

　こうした点を含め、大規模スマート有機栽培だけを念頭に置いているのではなく、さらなる企業利益の追求だけに利用されてしまわないように、小規模で家族的な農林漁業などを含む、多様な農業に配慮する方向性がしっかりと組み込まれ、地域のinclusive（包括的）な発展につながる戦略になるよう、各方面からのインプットが重要と思われる。具体的な予算措置を含む、実現への行程の明確化も不可欠である。

地域循環型の経済が私たちの命を守る道となる

　いま、バイデン政権からの日米協定交渉第二弾の要求も懸念されるなか、グローバル種子企業へ日本国民の命を差し出す便宜供与は、先に述べた「8連発」となり、私たちがゲノム編集食品の実験台にされようとしている。

　コロナ禍で経験したような輸出規制や物流停止が今後も広がっていけば、すでに体を動かすエネルギーの大半を海外に握られている私たちは、序章の冒頭で紹介した、「NHKスペシャル」『2030 未来への分岐点（2）』で示された、2050

年どころか、2035年には飢餓に直面する危機が訪れても何ら不思議ではない。「私」（目先の自己利益追求企業）が「公」（政治・行政）を取り込んで暴走するなかで、それを止めるには「共」（自発的な共助システム＝協同組合、NPO、市民運動組織など）の活動が不可欠である。私たちは、どう行動すべきか考えなければならない。

政治は、「人事とカネ」を駆使して反対の声を抑え込み、オトモダチ企業の利益と自己の保身に奔走する。しかし、「人事とカネ」で人を抑え込めても、人の心を摑むことはできない。その限界は政権の長期化とともに白日の下に晒された。国民にも、論理的な思考力のあるリーダーへの渇望が湧き上がっているのではないか。

種を握ったグローバル種子・農薬企業が、種と農薬をセットで買わせ、できた農産物を全量買い取り、販売ルートは確保するという形で、農家を囲い込もうとしている。

この「囲い込み」に飲み込まれてしまうことは、地域の食料生産・流通・消費が企業の「支配下」におかれることを意味する。農家は買い叩かれ、消費者は高く買わされ、地域の伝統的な種が衰退し、種の多様性も伝統的な食文化も壊され、異常気象や病虫害にも弱くなる。日本では表示なしで、野放しにされたゲノム編集も進行する可能性が高く、食の安全もさらに脅かされている。

巨大な力に種を握られ、命を握らせてはいけない。種から循環する安全な食の相互認証ネットワークが命を守る道である。何度も述べるが、食料は命の源であり、その源は種である。

私たちは、地域で育んできた大事な種を守り、改良し、育て、その産物を活用し、地域の安全・安心な食と食文化を守るために結束するときである。地域の多様な種を守り、活用し、循環させ、食文化の維持と食料の安全保障につなげるために、シードバンク、参加型認証システム、有機給食などで種の保存・利用活動を支えることが必要となる。そして、育種家・採種農家・栽培農家・消費者が共に繁栄できる地域の構成員の連帯と、公共的な支援の枠組みの具体化が急がれている。

種から始まる生産から消費までのトレーサビリティを、市民参加の相互認証で確立すれば、表示義務がなくとも、ゲノム編集食品などの不安な食品を地域社会から排除できる。このとき、「ゲノム編集ではない」という任意表示は違反とはならないことが活路になる。

このための体制として、各地にローカルフード条例に基づく、ローカルフード委員会を組織してはどうだろうか。その活動を財政支援する国レベルのローカルフード法も呼びかけが必要となるだろう。

本当に「安い」のは、身近で地域の暮らしを支える多様な経営が供給してくれる安全・安心な食材のはずだ。

国産＝安全ではない。本当に持続できるのは、人にも、牛・豚・鶏にも、環境にも、種にも優しい、無理をしない農業である。自然の摂理に最大限に従い、生態系の力を最大限に活用する農業こそが必要なのだ。経営効率が低いかのようにいわれるのは間違いだ。最大の能力は酷使でなく優しさが引き出す。人、生き物、環境に優しい農業は長期的・社会的・総合的に経営効率がもっとも高い。不耕起栽培や放牧によるCO$_2$貯溜なども含め、環境への貢献は社会全体の利益となる。

農家は、自分たちこそが国民の命を守ってきたし、これからも守るとの自覚と誇りと覚悟を持つべきだ。そして、そのことをもっと明確に伝え、安くても不安な食料の侵入を排除し、自身の経営と地域の暮らしと国民の命を守らねばならない。

消費者は、それに応えるときがきている。外部依存でなく地域循環でないと持続できない、それこそが強い農林水産業である。


世界的に農薬や添加物の使用・残留規制が強化されているのに、日本だけが緩められ、危険な輸入食品の標的にされている。

「独立」した知見の述べられない専門家と、(自称)「科学的」消費者による審議会などの決定、アメリカ企業などのロビー活動で決まる国際(コーデックス)基準など、公的に「安全」とされていても、EUなどは独自の予防原則を採る。消費者・国民が黙っていないからだ。消費者が拒否すれば、企業をバックに政治的に操られた「安全」は否定され、危険なものは排除できる。

世界的に、有機農業が一つの潮流になりつつあることも述べてきた。先述のとおり、EUでは、欧州（EU）委員会が、２０２０年5月に、２０３０年までの10年間に「農薬の50パーセント削減」、「化学肥料の20パーセント削減」、「有機栽培面積の25パーセントへの拡大」などを「ファームtoフォーク」戦略に明記した。

これに呼応して、日本も、目標年次は２０５０年と遅らせたが、目標数値はEUとほぼ同じで、有機栽培面積を25パーセント（１００万ヘクタール）に拡大、化学農薬5割減、化学肥料3割減を打ち出したのは画期的である。

しかし、代替農薬などが、新たな遺伝子操作の拡大につながらないように注視しなくてはならない。そのことも含め、消費者の意識改革がさらに加速しなければ、この目標は到底達成できない。

EU政府を動かし、世界潮流をつくったのも消費者である。最終決定権は消費者にあることを日本の消費者もさらに自覚したい。世界の潮流から消費者も学び、政府になにを働きかけ、生産者とどう連携して支え合うか。「みどりの食料システム戦略」が、さらなる企業利益の追求だけに利用されてしまわないように、しっかりインプットして、アジアモンスーン地域としての農業グリーン化を具体化しよう。

「いまだけ、カネだけ、自分だけ」の「3だけ」市場原理主義に決別し、地域の種からの循環による共生のシステムを、日本とアジア、世界が一緒につくっていくために、それぞれがもう一歩を踏み出すときである。

アメリカとの関係を対等に近づけつつ、アジアとの共生を図るのは、アメリカからの潰しの圧力が強いことを考えれば、容易ではない。だが、前進していかなければ日本に明るい未来はやってこない。

協同組合、共助組織、市民運動組織と自治体の政治・行政などが核となって、各地の生産者、労働者、医療関係者、教育関係者、関連産業、消費者などを一体的に結集するべきときがきた。

そして、地域を喰いものにしようとする企業を排除し、安全・安心な食と暮らしを守る、種から消費までの地域住民ネットワークを強化し、地域循環型の経済を確立するために、いまこそ、それぞれの立場から行動を起こすべきときなのである。

おわりに

２０２１年の春を迎えても、コロナ禍はいっこうに収束する気配はない。それなのに、GoToトラベル事業の再開がまた議論されている。

GoToトラベル事業をめぐる議論には、経済社会の構造そのものをどう転換するか、という視点が欠如しているように思われる。GoToトラベルは都市部の３密構造をそのままにして、感染を全国に広げて帰ってくるだけだったにもかかわらず、昨年の感染再拡大を教訓として活かそうとはしない。

政権に影響力の大きい人物の一人は、以前から全国各地で「なぜ、ここに住むのか。無理して住んで農業をするから、行政もやらなければならない。これは非効率なので原野に戻したほうがいい」と述べていた。

コロナ禍は、この方向性＝地域での暮らしを非効率として放棄し、東京や拠点都市に人口を集中させるのが効率的な社会のあり方として推進することが、間違っていたと改めて認識させた。都市部の過密な暮らしは人々を蝕む。

つまり、根本的には、都市への人口集中という3密構造そのものを改め、地域を豊かにし、地域経済が観光や外需に過度に依存しないで、地域のなかで回る循環構造を強化する必要がある。

地域に働く場をつくり、生産したものを消費に結びつけて循環経済をつくるには、農林水産業こそが核になる。

農林水産業が元気な上に、地域の環境や文化が守られなくては、観光業も成り立たない。ましてや、政府が掲げる農産物輸出額5兆円という目標が実現できるわけがない。足元を見ずに、〝観光だ、インバウンドだ、輸出だ〟と騒ぐのは本末転倒であろう。

しかし、そういうなかで、地域農業・農村の中心を担っているコメ農家の存続が危ぶまれるような、米価下落の危機がさらに深刻さを増しているのだ。

発想の転換が必要ではないだろうか。コメは余っているのでなく、実は足りていない側面があることも本文で述べてきた。コロナ禍による収入減で、「1日1食」に切り詰めるような、コメや食料を食べたくても十分に食べられない人々が増えているということだ。

そもそも、日本は、年間所得127万円未満の世帯の割合、つまり相対的貧困率が15・4パーセントで、アメリカに次いで先進国で最悪の水準である。

しかも、日本では家畜の飼料も9割近くが海外依存でまったく足りていない。コロナ禍で不安が高まったが、海外からの物流が止まったら、肉も卵も生産できない。飼料米の増産も不可欠なのである。海外ではコメや食料を十分に食べられない人たちが10億人近くもいて、さらに増えている。

つまり、日本はコメを減産している場合ではない。しっかり生産できるように政府が支援し、日本国民と世界市民に日本のコメや食料を届け、人々の命を守ることが、日本と世界の安全保障に貢献する道であると考えている。

アメリカの言いなりになって、何兆円もの武器を買い増しするだけが安全保障ではない。食料こそが命を守る、真の安全保障の要であると繰り返し強調しておきたい。

「消費者を守れば生産者が守られる。生産者を守れば消費者が守られる。さらに、食料で世界を守れば必ず日本は守られる」。このような考えこそが、私たちが持続的に幸せに暮らしていくためのキーワードになると確信している。

最後に、本書を提案いただき、多大なご尽力で編集いただいた平凡社新書編集部の和田康成氏と、資料整理などに尽力してくれた秘書の日下京さんに記して謝意を表したい。

2021年5月

鈴木宣弘

付録：建前→本音の政治・行政用語の変換表

＊順不同。国際的な視点から重要と思われるものを列記した。

●国益を守る

自身の政治生命を守ること。アメリカの要求に忠実に従い、政権と結びつく企業の利益を守ることで、国民の命や暮らしは犠牲にする。

●自由貿易

アメリカや一部企業が自由に儲けられる貿易。

●自主的に

アメリカ（発のグローバル企業）の言うとおりに。

●戦略的外交

アメリカに差し出す、食の安全基準の緩和する順番を考えること。「対日年次改革要望書」やアメリカ在日商工会議所の意見書などに着々と応えていく（その窓口が規制改革推進会議）ことは決まっているので、その差し出していく順番を考えるのが外交戦略。

●大筋合意

偽装合意。交渉が決裂した項目は外して、合意できた部分だけをもって合意を偽装する姑息な用語（ＴＰＰ11など）。類義語に「大枠合意」（日欧ＥＰＡ）。内政での行き詰まりから国民の目を逸らすために外交成果を急ぐときの常套手段。納得していない国に早く降りるよう圧力をかける意図もある。

●ウィン・ウィンの日米貿易協定

ウィン・ウィンは日米ともに利益を得たという意味ではない。日本から農産物も自動車も両方勝ち取った、アメリカの一人勝ちのこと。日本は農産物を市場開放させられ、日本車に対する関税撤廃の約束は反故にされた。

●規制緩和

地域の既存事業者のビジネスとおカネを、一部企業が奪えるようにすること。地域の均衡ある発展のために長年かけて築いてきた公的・相互扶助的ルールや組織を壊す、ないしは改変する。規制緩和と言いつつ規制強化をおこなう場合（知的財産権の強化）もある。いわば「国家の私物化」。この国際版がＴＰＰ（環太平洋連携協定）型の協定で「世界の私物化」。

●規制緩和が皆にチャンスを広げる

規制緩和をすれば、一部企業の経営陣がさらに儲けられる。多くの国民は苦しむのだが。

●1パーセントの農業を守るために残り99パーセントの利益を犠牲にするな

1パーセントの企業利益のために99パーセントの国民を犠牲にする。

●トリクルダウン

99パーセント→1パーセントに富を収奪しようとしている張本人が、1パーセント→99パーセントに「滴り落ちる」という論理破綻。

●対等な競争条件（Level the Playing Field とか Equal Footing）

一部企業に富を集中できる市場条件。市場を差し出したら許す（例：郵便局でのA社保険販売。その後も郵政叩きがなされ、A社保険販売ノルマが3倍に）。

●岩盤規制・既得権益

地域のビジネスとおカネを一部企業が奪うのに（ドリルで壊すべき）障害となる公的・相互扶助的ルールや組織のこと。

●国家戦略特区

国家「私物化」特区。政権と近い特定の企業・事業体がまず決まっていて、その私益のために規制緩和の突破口の名目で、ルールを破って便宜供与する手段。自分だけに規制緩和するから、おいしい。例：兵庫県養父市の企業による農地購入。加計学園獣医学部問題。

●コンセッション方式

食い逃げ方式。国・自治体から一部企業が運営権だけ移管され、儲けられるだけ儲けてボロボロになったら返還する。水道料金を上げるだけ上げ、施設を使い捨てで返還できる。国有林はハゲ山にして植林義務なし（税金で国民が負担）。

●情報公開

情報とは隠すもの。国民とは騙すもの。都合がいい情報だけ小出しにして国民を騙し、オトモダチに便宜供与する。これが首尾よくできるか、それが出世を左右する。それが快感になってくる。公開を迫られたときは資料を黒塗り（「のり弁当」）にするか、記録を廃棄（したことに）する。ウソを貫徹した人は、国税庁長官やイタリア一等書記官に異例の処遇で出世する。真実を述べた人は左遷したり、スキャンダルで人格攻撃する。

●誠意をもって丁寧・真摯に説明する
強引・姑息にごまかす。

●道半ば
経済政策（物価2パーセント上昇目標など）の破綻のこと。

●失言
本音。

●記憶にない
事実と認めるわけにはいかない質問に、偽証に問われないように答えるときの常套句。「私の記憶によれば○○していない」という言い回しもある。

●有識者
はじめから結論ありきの意に沿う人々。

●幅広い視点からの諮問会議の委員構成
反対する人は最初から排除する委員構成。利益相反的（自分が委員になって、自分が決めて、自分が受注する）な賛成派、あるいは、素人で純粋に短絡的な規制緩和論者だけを入れる。「詳しい人や反対論者を入れたら決まらないでしょ。最初から決まった結論に持っていくためにやるのだから」と教えてくれた委員もいる。

●**大義名分**

本音を隠すためにつける建前の理由。例：中国が反故にしたアメリカ産トウモロコシの購入を、日本が肩代わりさせられたのを「害虫被害」（実際には発生していなかった）のために輸入したり、農家の自家増殖を制限する種苗法改定の理由は種を高く買わせるようにすることだが、種の「海外流出の歯止め」と説明した。

●**種苗法改定（自家増殖制限）の理由は海外流出の歯止め**

自家増殖制限と海外流出は無関係で、真の目的は種を高く購入させること。「種子法廃止→農業競争力強化支援法8条四号→種苗法改定」で、コメ・小麦・大豆の公共の種事業をやめさせ、その知見を海外も含む民間企業へ譲渡せよと要請し、次に自家増殖を制限することで、企業に渡った種（ゲノム編集などが施される）を買わざるを得ない状況をつくる。自家増殖制限は種の海外依存を促進しかねない。

●**地方創生**

地方は原野に戻すこと。「なぜ、そんなところに無理して住むのか。無理して住んで農業やって、税金使って、行政もやらねばならぬ。これを非効率という。地域の伝統、文化、コミュニティなどどうでもよい。非効率なのだ。早く引っ越して、原野に戻せ」。こうした方向性が完全に間違っていたことが、コロナ禍で露呈した。

●**改革の総仕上げ**

国内外の特定企業などへの便宜供与を貫徹するという強い意思表示。種子法廃止、農業競争力強化支援法、種苗法改定、漁業法改定、森林の2法など、一連の改悪により、農林水産業の家族経営の崩壊、協同組合と所管官庁などの関連組織の崩壊にとどめを刺す。

●**枕詞**

国会決議などを反故にする言い訳に使うために、当初から組み込んでおく常套手段の修飾語。最近の事例は、「聖域なき関税撤廃を前提とする（TPP）」、「引き続き再生産可能となるよう」、「濫訴防止策等を含まない、国の主権を損なうような（ISDS条項）」など。

●**附帯決議**

ガス抜き。法律に対する懸念事項に一応配慮したというポーズ、アリバイづくり（賛成・反対の双方にとって）。参議院の公式ホームページでも「附帯決議には政治的効果があるのみで法的効力はありません」と明記されている。

●パブリックコメント

アリバイづくり。皆の意見を聞いたふりをして、膨大なコピーをとって審議会などで席上配布したのち、すぐに捨てる。

●単なる情報交換

アメリカに貢ぐ裏交渉のこと。日本のTPP交渉参加をアメリカに承認してもらうための「入場料」支払いのために、水面下で2年間に渡っておこなった事前交渉の国民向けの呼称。国民を見事に欺いて、アメリカへの事前の国益差し出しに貢献したことで、経産省初の女性局長（その後、総理秘書官を経て特許庁長官）に昇進した人もいる。

●生産性向上効果と資本蓄積効果

貿易自由化の経済効果を操作して水増しするための万能のドーピング薬。

●科学主義

疑わしきは安全。安全でないと証明（因果関係が完全に特定）されるまでは規制してはならない。人命よりも企業を守る。対語は、予防原則＝疑わしきは規制する（手遅れによる被害拡大を防ぐため）。

●専門家が安全だと言っている

安全かどうかはわからない。なぜなら、「安全でない」という実験・臨床試験結果を出したら研究資金は打ち切られ、学者生命も、本当の命さえも危険にさらされる。だから、特に、安全性に懸念が示されている分野については、生き残っている専門家は、大丈夫でなくても「大丈夫だ」と言う人だけになってしまう危険がある。

●緊急対策

点数稼ぎの道具。政治家が自身の力で実現したのだと「恩を着せる」ための一過性の対策。政策に曖昧さを維持し、農家を常に不安にさせ、いざというときに存在意義を示すための日本的な制度体系。しかも、既存の施策を○○対策として括り直して看板をつけ替えただけの場合が多い。対語は、欧米型のシステマティックな政策。対策の発動基準が明確にされ、農家にとって予見可能で、それを目安にした経営・投資計画が立てやすくなっている。

●日米安保で守られているから

対米従属を国民に納得させる「印籠」。政策遂行に非常に都合がいいから、政治・行政は「日米安保の幻想」を隠す。実は、アメリカでは北朝鮮の核ミサイルがアメリカ西海岸のシアトルやサンフランシスコに届く水準になってきたから、韓国や日本に犠牲が出ても、いまの段階で叩くべきという議論が出た。アメリカは日本を守るために米軍基地を日本に置いているのではなく、アメリカ本土を守るために置いている。

●国民の命を守る防衛費

アメリカの軍事産業を救う防衛費。アメリカが欠陥商品と認めるオスプレイを破格の1機100億円で17機、1700億円で購入するなど、至れり尽くせり。

●自殺

証拠隠滅（揉み消し）のために追い込まれた死or殺人の可能性、自衛隊員の戦死の偽装の可能性などについても、客観的事実に基づき検証する必要がある。

●不時着

オスプレイの墜落。

●武力衝突

自衛隊派遣が憲法9条に抵触しないよう、「戦闘」のことを「武力衝突」と言う。

●統合型リゾート（IR）

カジノ。

●国民の命を守るJアラート

国民の恐怖を煽り、失政から目を逸らさせ、政権支持の浮揚を図る道具。北朝鮮のミサイルは大気圏外に飛んでいるので、弾頭以外の落下物があっても大気圏突入で燃え尽きるから、日本国土に何かが落ちることはないとわかっていながら、逃げろ、隠れろと警報を鳴らした。

●アメリカは常に、日本とともにある

US stands behind Japan 100%。北朝鮮のミサイル発射を受け、当時のトランプ大統領が安倍総理に表明した意味深な言葉。

●貧困緩和には規制緩和の徹底が不可欠

グローバル企業が途上国を食い物にするための口実。

●コンディショナリティ

グローバル企業が、途上国を食い物にするための条件を要求する。貧困緩和のためには規制緩和の徹底が必要と言い張り、途上国を支援する名目で、世界銀行やＩＭＦ融資の条件として、（アメリカ発の）グローバル企業の利益を高める規制緩和やルール改変（関税・補助金・最低賃金の撤廃、教育無料制・食料増産政策の廃止、農業技術普及組織・農民組織の解体など）を強いること。しかも、強制したのでなく当該国が「自主的に」意思表示したという合意書（Letter of Intent）を書かせる。

●SDGsに配慮している

掲げているだけのブラック企業に注意。いまや、猫も杓子もSDGsだが、掲げているだけでは何も変わらないし、むしろ、「隠れ蓑」になってしまう。

●CSR（企業の社会的責任の履行）

「隠れ蓑」に注意。「安全性を疎かにしたり、従業員を酷使したり、周囲に迷惑をかけ、環境に負担をかけて利益を追求する企業活動は、社会全体の利益を損ね、企業自身の持続性も保てないから、そういう社会的コスト（外部費用）をしっかり認識して負担する経営をしなくてはならない」というのは建前である。本当は、TPP型のISDS条項で、企業が本来負担すべき社会的費用の負担（命、健康、環境、生活を毀損しないこと）の遵守を求められたら、逆に利益を損ねたとして損害賠償請求を起こす。

●市場原理主義経済学

巨大企業の利益を増やすのに都合がいい経済学。

●独占・寡占は取るに足らぬ問題で、独占禁止政策も含め、規制緩和あるのみ

独占・寡占が常態化する市場で、それを抑制する政策も含めて規制緩和をすれば、さらに市場を歪め、独占企業への富の集中を進められる（社会全体の経済厚生は低下する可能性がある）。規制緩和が正当化されるのは、市場が競争的であることが前提で、不完全競争（独占・寡占）市場での規制緩和は正当化されない。したがって、市場原理主義経済学は独占・寡占の存在を無理やり否定する。

●新モノプソニー論

中小経営淘汰の珍理論。まず、モノプソニー（買手独占）はオリゴプソニー（買手寡占）に変えるべき。企業による労働の買い叩き（買手寡占）が問題と言いながら、処方箋は大企業へのいっそうの生産集中（中小企業の優秀な労働力を低賃金で雇える構造の強化）という完全な論理矛盾。

●農業所得の向上

農協を解体して、地域のビジネスとおカネを一部企業が奪うための名目。①信用・共済マネーの剥奪に加えて、②共販を崩して農産物をもっと安く買い叩きたい企業、③共同購入を崩して生産資材価格を吊り上げたい企業、④農協と既存農家が潰れたら農業に参入したい企業が控える。規制改革推進会議の答申はそのとおりになっている。

●農業協同組合の独占禁止法「適用除外」は不当

共同販売・共同購入を崩せば、農産物をもっと安く買い、資材を高く販売できる。「適用除外」がすぐに解除できないなら、独禁法の厳格適用で脅して実質的になし崩しにする（山形、福井、高知などで実施）。

●農協は信用・共済事業をやめて本来業務の農業振興の「職能組合」に純化すべき

農協から信用・共済ビジネスを奪うための理屈づけ。こうすれば、農協は倒産するから、農産物も買い叩けるし、資材も高く売れる。農家が廃業したら、儲けられる好条件地に参入できる。

●准組合員規制

農協解体を遂行するための脅しの切り札。これをちらつかせて、すべてを呑ませていく。

●農業所得倍増

貿易自由化と規制改革で既存の農家が大量に廃業したら、全国の1パーセントでも平場の条件の良い農地だけ、大手流通企業などが参入して儲けられる条件を整備する。一部企業の利益が倍増すればよい。儲からなければ転用すればよい。

●農業競争力強化支援法

農業競争力「弱体化」法。競争力強化に必要な協同組合の共販・共同購入を「中抜き」し、農業関連組織の解体と家族経営の崩壊を促進、特定企業に便宜供与する。コメの公共種子を払い下げで獲得して、遺伝子組み換えやゲノム編集をした種子で、主要な穀物市場を独占し、種子価格を吊り上げ、国民の命をコントロール下に置く。バイオメジャーには濡れ手で粟。

●酪農家が販路を自由に選べる公平な事業環境に変える改定畜安法

「だから言ったでしょ」というべき規制改革の失敗の典型。改定畜安法で事業参加した企業が集乳停止に陥った。腐敗しやすい生乳を小さな単位で集乳・販売。これは極めて非効率で、酪農家も流通もメーカーも小売も混乱した。消費者に安全な牛乳・乳製品を必要なときに必要な量だけ供給することは困難になる。つまり、需給調整ができなくなる。だからこそ、まとまった集送乳・販売ができるような農協による共同出荷システムが不可欠なのである。そのような生乳流通が確保できるように、政策的にも後押しする施策体系が採られているのは、世界的にも共通している。それを壊したらどうなるか、それを世界で唯一やってしまったのだから、結果は目に見えていた。

●海はみんなのもの

海は企業のもの。浜のプライベートビーチ化。浜は、既存の非効率な漁家の既得権益ではない。みんなのものだから、効率的な企業にも平等にアクセスできるように、漁協に免許されている漁業権を開放しろ、と言って、結局、そう主張した企業が既得権益化するという詐欺的ストーリー。しかも、最終的には外資に日本の沿岸国境線を握られ、日本が実質的に植民地化する亡国のリスクを見落としている。

●漁場の共同管理をやめるべき

既存の漁家から、浜のビジネスを奪いたい。コモンズ（共用資源）は共同管理することで資源の枯渇による共倒れという「悲劇」を回避してきた。これは、理論的にも実証的にも確認されている。コモンズに短絡的な規制緩和論を主張するのは根本的な間違い。

●日本の漁獲管理は欧米に比べて遅れている

大手企業による漁獲独占への誘導。漁獲量の減少は、大型資本漁業の「乱獲」、過度の貿易自由化、流通業者の買い叩きが原因である。それなのに、自主的な共同での努力による資源管理に取り組んでいる沿岸漁民に責任を押しつけ、日本の漁業が乱獲で衰退したから、欧米型の規制を入れるべき、という説明がなされてきた。しかし、それを鵜呑みにしたら、漁船ごとの漁獲個別割当枠が売買可能となり、かつ漁船のトン数制限撤廃で大手企業の独占が進み、沿岸漁民は職を失い、努力の範囲外で乱獲している張本人（大型資本漁業）だけが焼け太る。

●漁村の自発的で共同体的なルールは遅れている

企業が権利を奪うための口実。欧米に遅れているのでなく、欧米からも日本の共同体的な自主管理こそが最先端（長期的・総合的に低コストで資源管理ができる）と注目されている。その効率性を証明した経済学者がノーベル賞を受賞した。上からの押しつけでなく、自分たちで、とことん議論して決めたルールだからみんなが守る力も強くなる。

●国際認証の取得推進

「認証ビジネス」の可能性に注意。取得・運用・更新費用、手間に見合うメリットの精査が必要。

【著者】
鈴木宣弘（すずき　のぶひろ）
1958年三重県生まれ。東京大学大学院農学生命科学研究科教授。専門は農業経済学。82年東京大学農学部卒業。農林水産省、九州大学大学院教授を経て2006年より現職。FTA 産官学共同研究会委員、食料・農業・農村政策審議会委員、財務省関税・外国為替等審議会委員、経済産業省産業構造審議会委員、コーネル大学客員教授などを歴任。おもな著書に『食の戦争』（文春新書）、『悪夢の食卓』（KADOKAWA）、『農業経済学 第5版』（共著、岩波書店）などがある。

平凡社新書９７９

農業消滅
農政の失敗がまねく国家存亡の危機

発行日――2021年7月15日　初版第1刷
2022年7月22日　初版第7刷

著者――鈴木宣弘

発行者――下中美都

発行所――株式会社平凡社
東京都千代田区神田神保町3-29　〒101-0051
電話　東京（03）3230-6580［編集］
東京（03）3230-6573［営業］
振替　00180-0-29639

印刷・製本―図書印刷株式会社

装幀――菊地信義

ISBN978-4-582-85979-9
NDC 分類番号611　新書判（17.2cm）　総ページ240
平凡社ホームページ　https://www.heibonsha.co.jp/